ライブラリ 大学基礎化学＝ A2

化学と地球と現代社会

—教養としての現代化学—

小島　憲道　著

サイエンス社

「ライブラリ 大学基礎化学」によせて

我が国においては，過去20数年にわたって，高校までの教育体系が簡略化され，大学学部の卒業要件も緩和される方向で推移した．しかし，世界の科学・技術の進展は目覚ましく，化学においても，エネルギー・環境問題，新物質や医薬品の開発，生命科学などの基礎としての社会的要請は大きくなる一方であり，大学院における教育は益々専門化・細分化されている．このような状況にあって，大学学部における化学系教育は，新たな教育的戦略が必要となっている．

大学における初年次教育（1年次，2年次）には，さらに特別な教育的配慮と工夫が必要であり，将来への様々な希望を持つ多様な学生に対して，柔軟な対応が求められる．例えば,「化学関連学科」に籍を置かない理系諸学科の学生に対しても，物質科学の基礎としての化学的知見は若い時に身につけてもらう必要がある．さらに言えば，広く深い物質観に基づく学術的教養とでもいうべきものは，科学者や技術者にはもちろん，政策決定に関わる人々やジャーナリストなどにも不可欠の要素であろう．もちろん，化学を記憶する学問として捉えていた学生に対して，

「化学はこんなに面白かったのか！」

という気づきを与え導くことができるのは，化学者にとっては喜びに満ちた本来の課題である．

このような背景のもと，最先端の研究を行いながら大学初年次教育にも深い経験を持つ著者陣によって，本ライブラリが刊行されることになった．本ライブラリは，

「基礎領域」「物理化学領域」「有機化学領域」「無機分析化学領域」

という分類のもと，比較的伝統的な化学教育とも整合させることを意図しつつ，全体では16冊程度から構成され，学習者が従来の枠組を越境していくための後

押しになることを強く意識している．そのために，各著者には，現代学術の最先端にいる専門家として，そこに至るための学術的基礎を吟味しつつ執筆することをお願いした．このようにして，私たちは，化学が豊かに継続的に土台から発展すると信じている．

本ライブラリは，大学初年次から始まる化学の基礎の教科書・参考書として，それぞれの領域で，教員の得意分野に応じた選択をしていただけるラインナップになっている．学年が進んだ後も，化学的基礎を再点検することができる場として戻ってこられるような，まさに「ライブラリ」として機能することを願っている．また，専門的な化学への道標として，古典的な枠組みの基礎勉強をきちんとしつつ，物質科学の枠組みと将来的なスコープをしっかり伝えることを念頭に置いた．基礎レベルではあっても時代が求めている課題を積極的に盛り込むことによって，具体的な問題意識が読者の心の中に芽生えていくことも目指している．

化学とは，分子・物質の変換を対象とする奥の深いスリルに富んだ学問である．その背景には，化学特有の美しい「論理」が広がっている．読者には，本ライブラリを足掛かりとして，物質科学への大きな一歩を進めてくださることを期待する．

2016 年 9 月

編者　東京大学名誉教授　高塚和夫

はじめに

化学は物質およびその変化を対象とする学問です．化学現象とは，物質がおりなす様々な変化のうちで，エネルギーの移動を伴いながら，物質を構成している原子の組替えや結合の仕方の変化によって生み出される物質の変化を意味しています．物理学や生命科学をはじめ，おおよそ原子や分子に関わりをもつ分野と化学は密接な関係をもっており，薬学や医学の分野でも化学は必要不可欠な分野です．化学で最も魅力があり，化学なくしては語ることができないのは，様々な化学反応の探究とその創造であり，複雑な分子を合成する能力でしょう．20 世紀末から 21 世紀のノーベル化学賞の受賞分野を眺めてみますと，化学が生命科学と如何に深く関わっているかがわかります．このような化学が，自然科学の中核を担う重要かつ魅力ある分野であることを学びとって頂けるよう，主として大学の文科生等，化学を専門としない学生を対象として本書を執筆しました．なお，本書の内容は，著者が東京大学教養学部前期課程において，文科生を対象とした講義「物質化学」を基礎にしています．したがって，本書はトピックスを表面的に追従していくことなく，現代化学の基礎に立って深く理解することができるよう心がけた内容となっています．

本書は全 11 章で構成されています．まず第 1 章では，元素の生い立ちと人工元素最前線，太陽系の誕生と太陽の未来について学びます．第 2 章では不安定な原子核の様々な核壊変と放射線について学んだ後，放射線を用いた診断と治療，年代測定や元素分析，原子力エネルギーの利用について学びます．第 3 章では，周期律の確立に至るまでの元素の探索，周期律と原子の電子構造について学びます．第 4 章では，分子を形成する化学結合と分子構造について現代化学の視点に立って学んだ後，有機化合物の構造と異性体について学びます．異性体の項目では，光に応答する網膜の膜タンパクであるロドプシンに取り込まれたレチナールの光異性化と視神経への情報伝達について学びます．第 5 章では，有機化合物の性質を決める分子軌道について学び，分子軌道の電子が分子全体に広がることによって生じる発色の仕組みや電気伝導性について学びます．

第6章では，遷移金属元素が配位結合によって形成される金属錯体の性質を支配するd軌道とその分裂について学び，遷移金属錯体が発色する色の原因について理解を深めます．第7章では，原子や分子の集合体に働く力と物質の状態について学び，また気体と液体の境界に存在する超臨界流体とその応用，固体と液体の境界に位置する液晶とその応用について理解を深めます．第8章では，原子や分子の集合体で現れる現象として，磁石の原理とその応用，超伝導を示す物質，電池の仕組みと様々な型の電池，酸素分子が極低温・超高圧下で超伝導を示すなど極端条件下で変貌する物質の姿について学びます．第9章では生命の化学について学び，タンパク質や核酸（DNAおよびRNA），核酸の遺伝情報（塩基配列）とタンパク質のアミノ酸配列との結びつき（遺伝暗号）について学びます．第10章では，化学と薬学について学び，特に日本の科学者が偉大な貢献をしたハンセン病の特効薬やエイズ（HIV）の特効薬の開発などについて紹介します．第11章では，地球環境とエネルギーを課題として，日本における様々な公害病の原因とその克服，地球環境の現状と将来，持続的な再生可能エネルギーの開発と将来について理解を深めます．また，各章では，自然界や身のまわりで起こる様々な現象や最先端のトピックスをコラムとして取り上げています．

本書で取り上げた現象とその理解が，若い学生の知的好奇心を刺激し，将来にわたって本書が活用されれば著者にとってこれ以上の幸せはありません．

本書を出版するにあたり，東京大学名誉教授の高塚和夫先生には，サイエンス社刊行のライブラリ大学基礎化学の一環として「化学と地球と現代社会—教養としての現代化学」を出版することを薦めて下さり感謝申し上げます．また，サイエンス社編集部長の田島伸彦氏には本書の編集から出版に至るまでお世話になり，心より感謝申し上げます．

2021年8月

小島憲道

目　　次

第3章　原子の電子構造と周期律　37

第4章　化学結合と分子の構造　55

コラム

サイエンス社のホームページのご案内
https://www.saiensu.co.jp
ご意見・ご要望は　rikei@saiensu.co.jp　まで.

第1章

元素の生い立ちと太陽系

元素とは，同じ原子番号をもつ原子の集合の概念で，人工的につくられた元素を含めると，現在 118 種類の元素が知られている．宇宙全体では，水素とヘリウムが圧倒的に多いが，これらの元素は，宇宙が誕生した初期に，宇宙が膨張して温度が急激に低下する過程で誕生したものである．原子番号が 26 の鉄までの主な元素は恒星の中で核融合反応により誕生したものである．そして鉄より原子番号の大きな元素は超新星爆発の過程で誕生したと考えられている．私たちの太陽系には，最も原子番号が大きい元素としてウランまで存在しているが，これは太陽系が誕生する以前に，太陽系の近くで超新星爆発が起こったことを意味しており，この超新星爆発が太陽系誕生の起源になっている．本章では，元素の生い立ちと人工元素最前線，太陽系の誕生と太陽の将来について学ぶ．

1.1 宇宙における元素の誕生

1.1.1 宇宙のはじまりと軽元素の誕生

元素は，同じ原子番号をもつ原子の集合名詞である．現在，人工的に合成された元素を含めると 118 種類の元素が存在しているが，自然界に存在する元素は約 90 種類あり，最も原子番号が大きい元素は原子番号 92 番のウラン（U）である．これらの元素の中で宇宙における元素の主成分は水素（H）とヘリウム（He）である．このような元素の存在とその相対比を解明するため，宇宙における元素誕生の研究が 1930 年代から始められた．ガモフ（G. Gamow, 1904–1968）は宇宙には始まりがあり，超高温の宇宙（火の玉宇宙（fireball universe））から急激に温度が低下する過程で核反応が起これば，宇宙において，水素（H）やヘリウム（He）が圧倒的に多いことを説明することができるとして元素の誕生を宇宙の進化と結びつけた理論を提案した．その後の詳しい核反応の研究によれば，宇宙の始まりとされる**ビッグバン**（big bang）による宇宙の膨張過程で合成されるのは H と He がほとんどであり，この他にリチウム（Li）などの軽い元素がわずかに合成される．表 1.1 に太陽系における主な元素の組成比を示す．

宇宙が膨張していることを示唆する最初の実験的データは，ハッブル（E.P. Hubble, 1889–1953）による観測結果である．それは大部分の星と銀河の放つ光の波長（水素原子などの輝線スペクトルの波長）が長波長側にシフト（**赤方偏移**とよぶ）しているという発見であった．この赤方偏移はドップラー効果によって説明することができる．ドップラー効果とは，例えば近づいてくる列車からの汽笛は高く聞こえ，遠ざかっていく列車からの汽笛は低く聞こえる現象である．ハッブルの観測結果は，赤方偏移の程度が地球から遠ざかる星の距離と速度に比例すると考えれば理解できる．ハッブルによる赤方偏移の観測結果は，宇宙は全方向に膨張していることを示している．このことは，時間を過去に戻して考えると，宇宙全体は遠い昔に 1 点から始まったと推定される．現在では，このビッグバンは約 138 億年前と推定されている．

ビッグバンの提唱者であるガモフは，宇宙の開闢時の**黒体放射**[†]は宇宙の膨張とともにその波長を変化させ，今でも宇宙に「**背景放射**」として残っていると考え，絶対温度で約 7 度の黒体放射（マイクロ波の電波に相当）と推定した．この電波を偶然に発見したのが，米国・ベル電話会社（AT&T の前身）のペンジアス（A.A. Penzias）とウィルソン（R.W. Wilson）であった．1964 年，彼らはアンテナで受信する電波からどうしても取り除けない雑音源があり，この雑音があらゆる方向からやってくること，しかもその電波は絶対温度で 3 度に相当するマイクロ波であることを知った．このことから，3 度に相当するマイクロ波はビッグバン以降の膨張で冷却された宇宙からの黒体放射であると結論した．今日，これがビッグバン理論を強力に支持する証拠として認められている．なお，ペンジアスとウィルソンはこの発見により，1978 年にノーベル物理学賞を受賞している．

最近の研究によれば，ビッグバンによって宇宙は断熱膨張して冷却され，1 秒以内に物質の基本的構成単位である**クォーク**から**陽子**と**中性子**が誕生した．そして温度が 10 億度まで下がると，陽子と中性子との衝突によってヘリウム（He），およびリチウム（Li）の**原子核**が生成した．やがて宇宙が十分に冷えて原子核の合成が起こらなくなると，宇宙における全原子核の 91%が水素原子核，8%がヘリウム原子核となり，残りは 1%未満のその他の原子核となった（**表 1.1** 参照）．宇宙がさらに冷えると，電子がこれらの原子核と結合して中性の原子が生成された．この状態になると，原子の大きさより波長の長い光は直進することがで

表 1.1　太陽系における主な元素の組成比

水素	ヘリウム	酸素	炭素	窒素	ネオン
90.89%	8.03%	0.46%	0.32%	0.10%	0.10%

[†]可視光だけではなく，すべての波長の電磁波を吸収する物質を**黒体**とよんでいる．黒体から放出される電磁波（黒体放射）の強度の波長依存性は黒体の温度で決まる．例えば太陽光強度の波長依存性は絶対温度で 5,700 度の黒体放射強度の波長依存性と一致することから，太陽の表面温度を絶対温度で 5,700 度と決定することができる．同様にして宇宙のすべての方向から飛来する背景放射（マイクロ波）の強度の波長依存性は絶対温度で約 3 度の黒体放射の理論曲線と一致する．

きるようになり，これを“**宇宙の晴れ上がり**”とよんでいる．このとき，原子の分布には小さな乱れがあり，それが時間とともに成長し，やがて原子が重力によって集合して最初の一群の星が誕生したのである．ビッグバンから原子の誕生までの時間を表 1.2 に示す．

1.1.2　星の中で誕生する元素

星が成長して大きくなると，各星の内部では温度と圧力が増大して，水素原子核（^{1}H）が融合してヘリウム原子核（^{4}He）に変化する**核融合**の条件まで到達し，星が輝き始める．ヘリウム原子核の質量が 4 個分の水素原子核の質量より 0.7% 軽いこと（**質量欠損**）から，核融合反応による質量欠損に相当する莫大なエネルギーが生み出されていることがわかる．ここで元素記号の左上の数字は原子核の中の陽子数と中性子数の総和であり，**質量数**とよんでいる．水素原子核が融合してヘリウム原子核に変化する際に放出される熱によって，その星の内部の体積と圧力は保たれる．その間にヘリウムは，水素よりも重いので星の内核に集まる．内核ではヘリウム核は水素原子核どうしの衝突を妨害するので，水素の核融合反応の速度が低下する．そのため星が冷えて，重力のもとで収縮し，中心部の温度が 1 億度になるとヘリウム原子核（^{4}He）が融合して炭素原子核（^{12}C）が生成する反応が始まる．やがて炭素は星の中心部に集まり，中心部のヘリウムは炭素による内核を覆う層となる．水素の大部分は星の外側の層に存在する．やがて炭素原子核の核反応が進行してネオン（^{20}Ne）が生成する．ネオンが増加すると，内側に移動して核となり，それが炭素の豊富な層に囲まれる．このようにして，元素が重い順に星の中心部に濃縮され，中心部の重い元素の原子核が十分たまると核融合反応が起こり，さらに重い原子核の生成が起こる．これらの層の核反応によって大量の熱が発生し，そのために星が膨張する．急速に膨張する星は表面温度が低くなり赤色になる．このような星は**赤色巨星**とよばれる．さそり座のアンタレスが代表的な例である．

重い星の中心部では，連鎖的に起こる核反応によって鉄原子核（^{56}Fe）に到達し，核融合反応による星の燃焼は終わる．星の燃焼が終わると中心部の冷却が始まり，この冷却によって，星の劇的な崩壊が起こる．多数の原子核が星の中心部に流れ込むと，圧力と密度が急激に増加して，次の二つの現象が引き起こされる．第一に，高速で移動する原子核が多数の鉄の原子核を破壊し，ヘリウム原子核や中性子などのより小さい粒子が多数含まれた混合物を生成する．第二に，星の温度が核融合反応では到達不可能な超高温に上がり，崩壊によってすべての物質を星間空間にまき散らす．これが**超新星爆発**とよばれる現象である．超新星においては，非常に高いエネルギーと密度をもった原子核および中性子の混合物が存在し，原子核と中性子の間で多数の衝突が起こり，ウラン（U）のような重い元素まで生成する．鉄元素より重い元素生成のためのこれらの条件は，極めて短時間しか続かず，すぐに膨張と冷却が起こってこれらの反応は不可能になる．超新星爆発によって宇宙空間に拡散した元素は，やがて集まって新しい星を形成する．その周りには星の残骸を環として残すこともあり，この残骸はやがて集合して惑星を形成する．

星の寿命は質量に依存し，質量の大きい星ほどその寿命は短い．これは重力による圧縮によって星の中心部の温度が上昇し，核融合反応の反応速度が増すためである．また星の輝度はその燃料の消費の割合に比例するため，星の寿命は輝度に反比例する．詳しく言えば，星の輝度は質量の 3〜5 乗に比例し，星の寿命は質量の 2〜4 乗に反比例する．いま，星の寿命が質量の 3 乗に反比例するとして中心部で起こる水素原子核の核融合反応の寿命を見積ると，太陽の核融合反応による燃焼の寿命は 100 億年程度，質量が太陽の 10 倍の星の場合，核融

表 1.2　ビッグバンから原子誕生までの時間過程と温度

ビッグバン以後	宇宙の温度（K）	原子誕生までの過程
10^{-6} 秒後	5×10^{12}（5 兆）	陽子や中性子を構成する素粒子クォークの誕生
10^{-4} 秒後	10^{12}（1 兆）	クォークの結合による陽子，中性子の誕生
2×10^{2} 秒後	10^{9}（10 億）	軽い原子核の誕生（原子核と電子は解離状態：プラズマ状態）
10^{13} 秒後（36 万年後）	4000	原子の誕生（原子核と電子の結合）：波長が原子より長い光は直進できる（宇宙の晴れ上がり）．

合反応の寿命は1000万年程度と考えられる．

図1.1は，星の質量に対応した星の一生と再生を模式的に示したものである．なお，$M_{\odot}$ は基準として太陽の質量を表す．

ここで，星の中で生成される元素を星の質量で分類してみよう．

■太陽より軽い質量の星で生成される元素

星の質量が太陽の約10分の1程度の星では，中心部の温度が水素原子核（^{1}H）の核融合反応を起こす温度（10^{7} 度）に到達できないため，自ら輝く恒星にはならず，暗い星（**褐色矮星**）として存在する．星の質量が太陽の質量に近づくにつれて4個の水素原子核（^{1}H）が融合してヘリウム原子核（^{4}He）に変わる核融合反応が起こるが，その反応は極めて遅いため，星の寿命は極めて長い．例えば星の質量が太陽の $\frac{1}{2}$ の場合，原子核融合反応による燃焼の寿命は約800億年と推定されている．

■太陽程度の質量の星で生成される元素

星には様々な質量のものがあるが，太陽程度の質量をもつ星が多く一般的である．太陽を例にとると，その中心部の温度は約1500万度に達しており，水素原子核は核融合反応によってヘリウム原子核が生成する．この核融合反応は約100億年続くと推定されている．やがて中心部の水素原子核の核融合反応が終了するとヘリウム原子核の塊ができ，その塊を水素原子核の層が取り囲む二重構造となる．外側にある水素原子核の層では水素原子核の核融合反応が起こって星全体が膨張して赤色巨星になる．中心部ではヘリウム原子核の核融合反応が起こり炭素原子核（^{12}C）や酸素原子核（^{16}O）が生成する．炭素原子核や酸素原子核が主成分の中心部では，それ以上重い元素を生成する核融合反応の燃焼温度に達することができないため，重力の作用で収縮が始まり**白色矮星**となり，次第にエネルギーを失っていく．星の質量が太陽の質量程度から次第に重くなって中心部の温度が1億度を超えるようになると，炭素原子核や酸素原子核の核融合反応が始まり，マグネシウム（^{24}Mg）やケイ素（^{28}Si）などが主成分の核ができるが，鉄元素の生成に達する前に核融合反応が停止，重力の作用で収縮が始まり白色矮星となり，次第にエネルギーを失っていく．

■太陽より約 10 倍以上の質量の星で生成される元素

太陽より約 10 倍以上の質量の星では，元素が重い順に星の中心部に濃縮され，十分な原子核がたまると，核融合反応が起こってさらに重い原子核の生成が起こる．それが中心部で濃縮され，同様の過程が繰返される．このようにして酸素（O）とケイ素（Si）の核が形成され，それがより重い元素によって層として押出される．これらの層とその内部での核反応によって大量の熱が発生して星が膨張し，赤色巨星となる．**図 1.2** は質量が太陽より約 10 倍以上の星で生成される元素の分布構造（たまねぎ型構造）を表したものである．星の中心部で起こる核融合反応が鉄元素で終わるのは**図 1.3** で理解することができる．**図 1.3** は，**核子**（陽子および中性子）どうしを結びつける結合エネルギーを核子 1 個当たりに換算したものである．質量数（陽子および中性子の数の総和）が 20 当たりまでは，質量数の増加とともに結合エネルギーは急激に増大し，その後は徐々に増大して ^{56}Fe で極大となる．質量数が 56 を超えると，結合エネルギーは質量数の増加とともに徐々に減少していく．このことは，^{56}Fe より重い元素は核分裂を起こして安定な元素に，^{56}Fe より軽い元素は核融合を起こして安定な元素になろうとすることがわかる．したがって，鉄より重い元素は星の中の核融合によって生成されるものではなく，次項で述べる超新星爆発の過程で誕生したと考えられている．

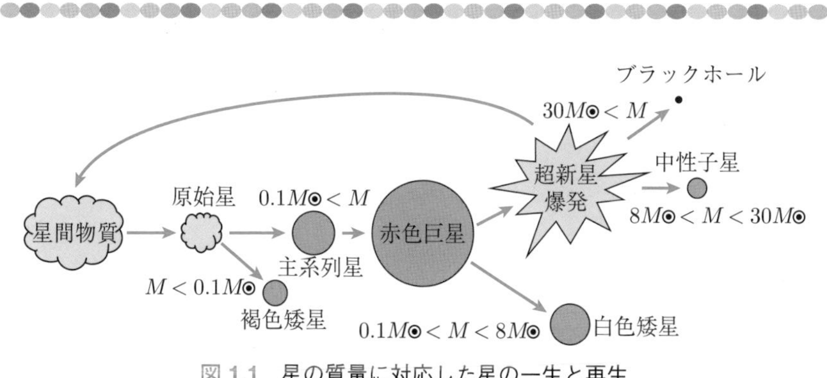

図 1.1　星の質量に対応した星の一生と再生

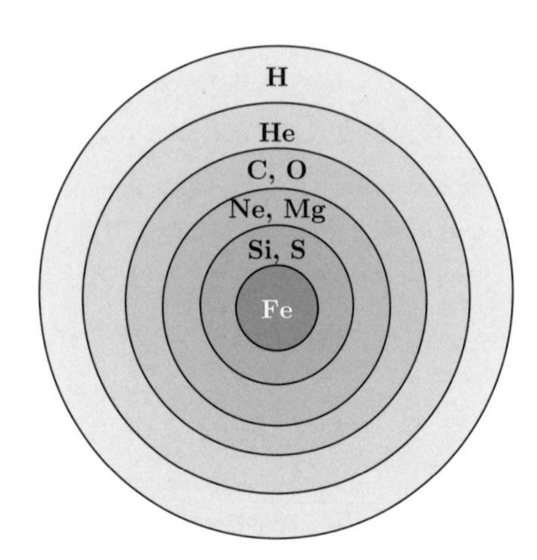

図 1.2　質量が太陽より約 10 倍以上の星の中で生成される元素の分布構造

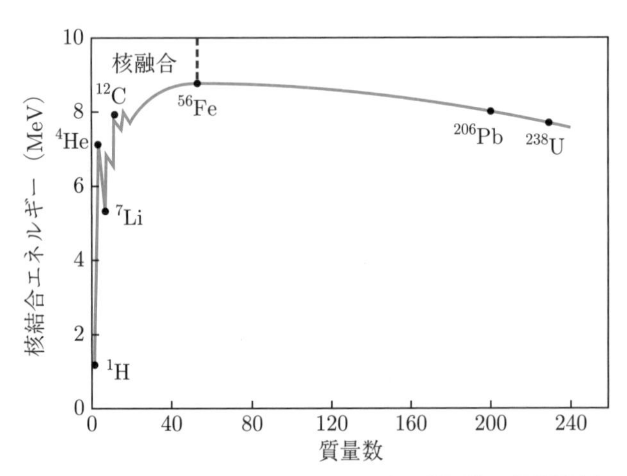

図 1.3　核子の結合エネルギーと元素の質量数の相関関係

1.1.3　超新星爆発と重元素の誕生

星の質量が太陽の質量より約 10 以上大きい場合，中心部の核融合反応は鉄元素（^{56}Fe）まで到達するが，^{56}Fe は核子の結合エネルギーが最も大きく，それ以上核融合反応は起こらず星の燃焼が止まる．このため，重力による星の収縮が起こり，中心部分では核融合反応では到達できないような超高温になり，鉄元素の一部は超高温のエネルギーを吸収してヘリウム原子核（^{4}He）と中性子に分解する．この分解反応により，星の中心部ではエネルギーが奪われるため中心部が星の重力を支えきれなくなり，星は崩壊してしまう．中心部では通常の重力では実現できないような超高圧が発生し，原子核から離れていた電子は鉄の原子核の中に押し込まれて陽子が中性子に変わり，中心部分はほとんどが中性子でできた塊になる．鉄の原子核で起こる反応を次式で示す．

$$\text{陽子} + \text{電子} \rightarrow \text{中性子} + \text{ニュートリノ} \qquad (1.1)$$

この中性子の中心核をめがけて外側の層が衝突して爆発し，星の中で合成された元素は光や**ニュートリノ**とともに宇宙空間に吹き飛ばされる．この現象が超新星爆発であり，この過程で鉄の原子核は多量の中性子を吸収することにより，連鎖的に**β 壊変**（原子核内の中性子が電子を核外に放出して陽子に変わり，原子番号が 1 増加する反応）を起こして鉄より重い元素が生成し，92 番元素のウラン（U）に達すると考えられている．超新星爆発の後には，ほとんど中性子でできた**中性子星**が残る．中性子星は 1 cm^3 の重さが 10^9 ton におよぶ超高密度の星であり，表面の重力は地球のおよそ 1000 億倍に達すると推定されている．

星の質量がさらに重くなると，超新星爆発の後，中性子の塊の中心部では重力を支えることができなくなって，どこまでも収縮が続き**ブラックホール**となる．ブラックホールができるのは，質量が太陽の 30 倍以上の大きな星と推定されている．

最近の超新星爆発は 1987 年に大マゼラン星雲（私たちの銀河に最も近い銀河星雲で，南半球で眺めることができる）の中で発現したが，この爆発で発生したニュートリノが岐阜県神岡鉱山の中にあるニュートリノ観測装置（カミオカンデ）で検出された．これは自然界で発生したニュートリノの史上初となる観測であり，小柴昌俊博士は，この成果により 2002 年にノーベル物理学賞を受賞している．

図 1.5 は宇宙における元素の存在比である．この図にはいくつかの特徴がある．

(1) 原子番号が大きくなるに従って指数関数的に存在比が減少する．
(2) 偶数番号の元素は隣の奇数番号元素より存在比が多い．
(3) リチウム（Li），ベリリウム（Be），ホウ素（B）の存在比が極端に少ない．
(4) 鉄（Fe）付近に大きな極大がある．

核子は核子間引力の影響を受けて安定な対をつくる強い傾向があり，陽子および中性子が偶数の核が最も安定なのは，全部の核子がすべて対をつくるからである．奇数番目の元素が隣の偶数番目の元素より存在比が少ない規則は，**オッド–ハーキンスの規則**（Oddo-Herkins rule）とよばれているが，この規則が成り立つのは上述の理由によるためである．

コラム 1.1 藤原定家の『明月記』に記された超新星の出現

超新星爆発の記録は中国や日本の古い文献に記されているが，ここでは，鎌倉時代初期の歌人で新古今和歌集や小倉百人一首などの選者である藤原定家（1162–1241）の『明月記』の中に記されている客星（超新星）の記録について紹介する．『明月記』は，藤原定家が 1180 年から 1235 年までの 56 年間にわたり克明に記録した日記である．

寛喜二年（1230 年）十一月八日の日記には，客星出現例が数例記されているが，この中で“後冷泉院・天喜二年四月中旬（1054 年 5 月 20 日～29 日）”に出現した客星は，以下のように記されている．

「後冷泉院天喜二年四月中旬以後丑時，客星出觜参度，見東方，孛天関星，大如歳星．（書き下し文：後冷泉院・天喜二年四月中旬〔1054 年 5 月 20 日～29 日〕以後，丑の時〔午前 1 時～3 時〕，客星，觜〔オリオン座〕を出で，度〔赤経〕に参じ東方に見ゆ．天関星〔おうし座 ζ 星〕付近，大きさは歳星〔木星〕の如し）」

書き下し文出典：今川文雄『訓読 明月記』p.199，河出書房新社（1978）

〔 〕内は著者による注釈

天関星は，おうし座の角の頂点に位置する星であり，ごく近傍には一つの星雲がある．これを望遠鏡で眺めると“かにの甲羅”の形に見えることから現在では“**かに星雲**”という名前が付けられている．かに星雲は 7200 光年先にある星雲で，毎秒 1050 km の速度で膨張している．この膨張速度を逆算すると，かに星雲の起源である超新星爆発が『明月記』に記録されている天喜二年（1054 年）の客星出現に一致しており，『明月記』は天文学上，重要な資料となっている．ところで，客星が現れた天喜二年（1054 年）は，定家が生まれる以前であり，定家が天喜二年の客星出現を見たわけではない．『明月記』にある客星出現の記録は，定家が様々な古典に記された客星の出来事を日記の中に書き留めたものである．図 1.4 はかに星雲の位置とその姿である．

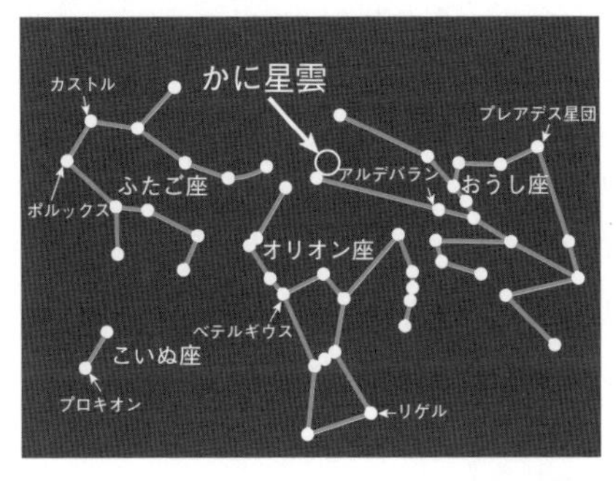

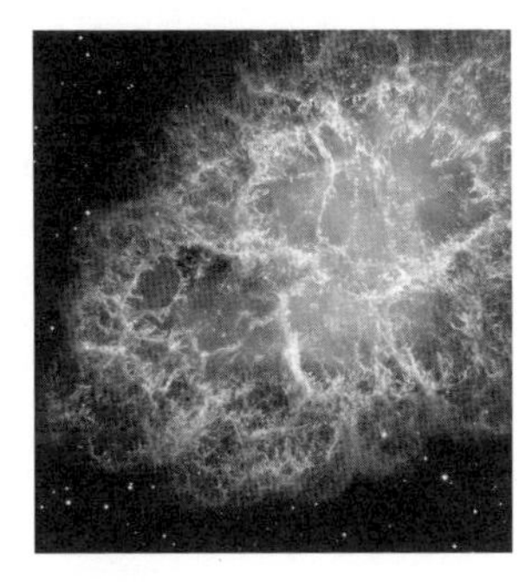

図 1.4　かに星雲とその位置

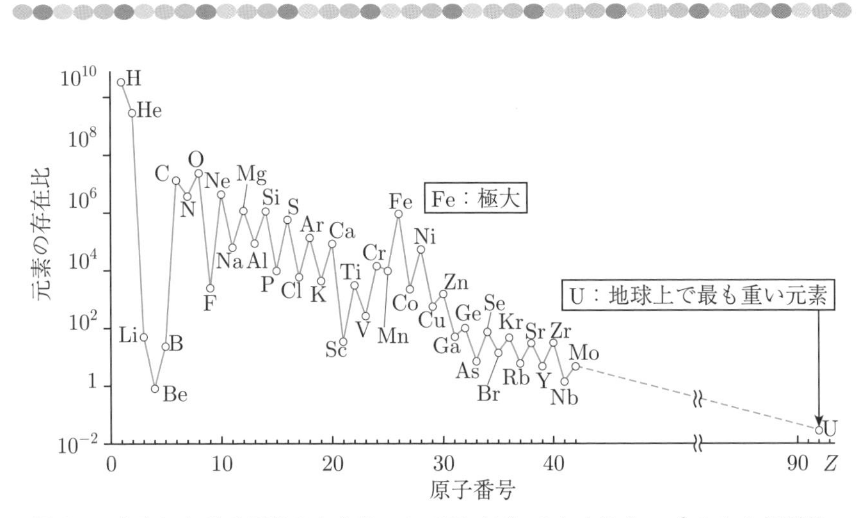

図 1.5　宇宙における元素の存在比．ケイ素（Si）の存在比を 10^6 とした相対値．

1.1.4 人工元素最前線

ウランは天然に存在する元素の中で最も原子番号の大きい元素である．93番以降の元素は**超ウラン元素**とよばれ，1940年以降，人工的に合成されてきた．現在では，原子番号118の超ウラン元素まで合成されている．ここでは，ウラン（U）および超ウラン元素について概観してみよう．

ウランは1789年に発見されたが，地球上で最も重い元素であることから，1781年にハーシェル（F.W. Herschel, 1738–1822）によって発見された当時，最も外側にある新惑星，天王星（Uranus）の名にちなんでウラニウム（Uranium）と命名された．最初の超ウラン元素であるネプツニウム（Np）は，1940年，ウランに中性子を照射することにより，β 壊変を起こさせ93番の人工元素として合成された．93番の元素は，天王星（Uranus）の外側にある海王星（Neptune）の名前にちなんでネプツニウム（Neptunium）と命名された．原子番号94のプルトニウム（Pu）は，1940年，^{238}U に重陽子（^{2}H）を照射してできた ^{238}Np が β 壊変することにより合成された．94番の元素は，海王星（Neptune）の外側にある冥王星（Pluto）にちなんでプルトニウム（Plutonium）と命名された．1941年には，^{238}U に中性子を照射して得た ^{239}Np が β 壊変することにより新しい同位体 ^{239}Pu を得ている．^{239}Pu は中性子照射により核分裂を起こすことから原子爆弾に利用できることが明らかになった．

原子番号が95より大きい人工元素は合成方法により，100番目のフェルミウム（Fm）までと，101番以降の元素に分類することができる．前者は，原子炉の中で長期中性子照射を行い，^{239}Pu に多重に中性子を捕獲させることにより合成することができる．101番目以降の元素の合成は，サイクロトロンや線形加速器などによって加速された α 粒子や重イオンの照射によって可能となり，現在までに118番目の元素まで到達している．なお，113番元素のニホニウム（Nh）は2004年に日本の理化学研究所において，線形加速器を用いて亜鉛イオン（^{70}Zn）をビスマス（^{209}Bi）に照射することにより合成に成功した．

ところで，原子番号が100以上の原子核は非常に不安定となり瞬時に核分裂してしまい，原子核としては存在できないものとされていた．一方，原子核に含まれる陽子あるいは中性子が**魔法数**のところでは，原子核が安定になることがよく知られている．魔法数としては，陽子数および中性子数に対して2, 8, 20, 28,

50, 82 が知られ，さらに陽子数に対しては 114, 126，中性子数に対しては 126, 184 も魔法数であることが知られている．したがって，陽子および中性子が魔法数の付近では長寿命の「**安定の島**」が存在すると考えられている．現在，超ウラン元素の合成で最大の目標は，サイクロトロンなどの加速器で重イオンを超重元素に照射することにより，一足飛びに「安定の島」である 114 番元素や 126 番元素に到達することである．1999 年，加速したカルシウムイオン（^{48}Ca）をプルトニウム（^{244}Pu）に照射することにより，114 番元素フレロビウム（^{289}Fl）が合成された．この元素の寿命は 30 秒であり，108〜112 番の寿命が数ミリ秒であることを考えると極めて長寿命である．今後，新元素が合成された場合，国際純正及び応用化学連合（International Union of Pure and Applied Chemistry, 略して IUPAC）によって正式に認められ命名されるまで，119 番元素以降の元素には下記の規則に従って，系統的な名前をつけることになっている．この名称は，原子番号の各桁の数字をラテン語とギリシア語から頭文字が重複しないように混ぜて綴ったものである．

0：nil（ニル）　1：un（ウン）　2：bi（ビ）
3：tri（トリ）　4：quad（クアド）　5：pent（ペント）
6：hex（ヘキス）　7：sept（セプト）　8：oct（オクト）
9：enn（エン）

これらを原子番号順につないで最後に -ium（イウム）をつけて元素名とする．また，元素記号は，語幹の頭のアルファベット 3 文字で表す．例えば 119 番元素の名前および元素記号は次のようになる．

ウンウンエンニウム（ununennium（Uue））

コラム 1.2　113 番元素ニホニウム（Nh）

日本の理化学研究所（埼玉県和光市）は 2003 年に，亜鉛の粒子を線形加速器で加速させ，これをビスマスの標的に衝突させて両元素の原子核が完全に融合した 113 番元素を合成する実験を始めた．この実験では，光速の $\frac{1}{10}$ まで加速された ^{70}Zn 粒子を 1 秒間に 2.8 兆個の強度で 79 日間にわたって ^{209}Bi に照射し続け，ようやく 1 個の 113 番元素を合成することに成功し，2004 年に日本物理学会の欧文誌（Journal of the Physical Society of Japan）に発表した．しかし 1 個の原子だけでは **IUPAC**（国際純正および応用化学連合）で 113 番元素として認定されることはできなかった．

その後，2005 年に 2 個目の 113 番元素の合成に成功し，2012 年には 3 個目の合成に成功した．理化学研究所が 3 個目の 113 番元素の合成とその証明に成功したことから，IUPAC から理化学研究所に 113 番元素の命名権が与えられ，2016 年 11 月に 113 番元素の名前が日本にちなんだ名前である**ニホニウム**（Nihonium, Nh）に決定された．113 番元素は，周期表ではホウ素やアルミニウムなどと同じ 13 族に位置づけられる．図 1.6 は理化学研究所がニホニウムを 3 回合成した過程を示したものである．

新元素の合成を証明するには，新元素が α 壊変（原子核から α 粒子（ヘリウム原子核 ^{4}He）を放出）を起こし，原子番号が 2 番小さい既知の元素から放出される α

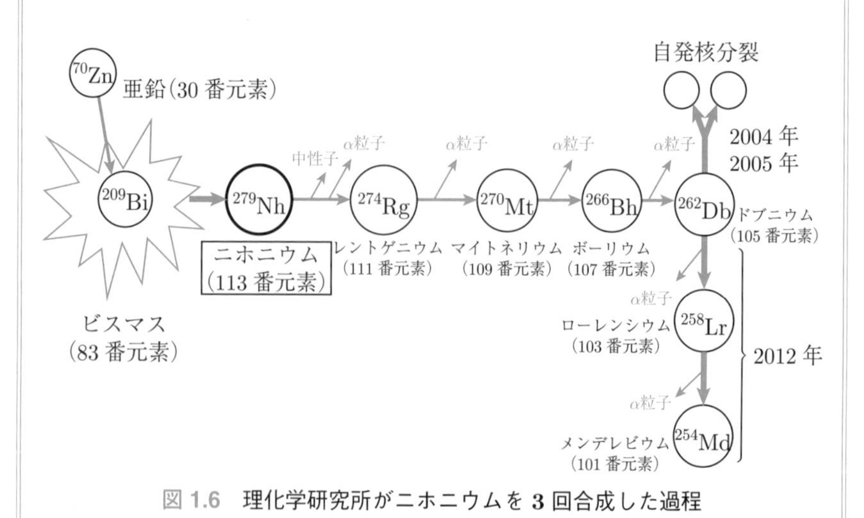

図 1.6　理化学研究所がニホニウムを 3 回合成した過程

粒子の固有のエネルギーを確認しなければならない．2003 年と 2004 年，新元素から次々と 4 個の α 粒子が放出され，約 40 秒後に自発的に核分裂を起こすことが確認された．この 4 個目の α 粒子のエネルギーが 107 番元素のボーリウム（^{266}Bh）が出す α 粒子のエネルギーと一致したことから 113 番元素ニホニウム（^{279}Nh）を確認することができた．このことは，113 番元素が α 粒子を 3 個放出して 107 番元素のボーリウムになったことを意味している．2012 年には，3 個目のニホニウムの合成に成功した．3 回目の実験では，新元素は 4 個の α 粒子を放出して 105 番元素のドブニウムになった後も自発核分裂を起こさず，さらに 2 個の α 粒子を放出した．5 および 6 個目の α 粒子のエネルギーはそれぞれ 105 番元素のドブニウム（^{262}Db）および 103 番元素のローレンシウム（^{258}Lr）が放出する既知の α 粒子のエネルギーと一致したことから，IUPAC は 113 番元素の合成を正式に認めたのである．

【幻の新元素　ニッポニウム】

ここで 113 番元素の名前に関連して，20 世紀の初めに幻の新元素「ニッポニウム」があったことを紹介する．発見者の小川正孝博士は 1904 年に英国のロンドン大学に留学し，貴ガスの発見者で 1904 年にノーベル化学賞を受賞したラムゼー（W. Ramsay）の下で，新鉱物のトリアナイト（トリウムの化合物）に含まれる新元素の探索を行った．そして，微量の新元素酸化物と思われる物質を分離し，炎色反応による分光分析で，新元素由来の未知のスペクトル線を発見した．そして新元素をニッポニウム（Nipponium）と命名し，1908 年，東京帝国大学の紀要（英文）で発表し，また英国の化学雑誌 Chemical News で掲載され，世界の知るところとなった．小川博士は，ニッポニウムの原子量を 100 と見積もり，42 番元素のモリブデンと 44 番元素のルテニウムの間の空欄にニッポニウムを入れたのである．しかし，43 番元素は自然界には存在せず，1936 年，重水素（^{2}H）の原子核をモリブデンに照射することにより 43 番元素のテクネチウム（Tc）が人工的に合成され，ニッポニウムは否定されることとなった．ところで，小川博士がトリアナイトの分光分析で発見した未知のスペクトル線は，1925 年に発見された 75 番元素であるレニウム（Re）のスペクトル線と一致することがわかり，幻の新元素ニッポニウムはレニウムであったことが判明した．小川博士がニッポニウムを発表した当時は，モーズリーの法則（原子番号と元素固有の特性 X 線の関係式）が発見される以前の時代であったことが悔やまれる．

1.2 太陽系の誕生と太陽

1.2.1 太陽系の誕生

太陽系が今から約 46 億年前に形成されたことはよく知られているが，46 億年という数値が得られるようになったのは，放射性同位体による年代測定法の基礎が確立し，その測定精度が向上した 1950 年代以降である．太陽系において，星間物質が凝集して鉱物や岩石が生成されると，放射性同位体やその壊変生成物は鉱物や岩石に閉じ込められるので，それらの量の測定によって鉱物ができた年代がわかる．地球の年代測定には，**半減期**が 10^9〜10^{10} 年程度の放射性同位体が利用される．例えば，カリウムを含む鉱物には ^{40}K が含まれているが，この ^{40}K は半減期 1.28×10^9 年の放射性同位体であり，その 11％ は原子核壊変により ^{40}Ar になる．したがって，鉱物中の ^{40}K と ^{40}Ar の比を測定すればその鉱物ができた年代を知ることができる．このようにして，地球上において最古の岩石の年代が 40 億年を超えること，最古の隕石の年代が 45〜46 億年であることが明らかになった．このことから，星間物質が凝集して太陽系が形成されたのは今から約 46 億年前と推定されている．

ところで太陽系では，最も原子番号が大きい元素としてウランまで存在しているが，これらの元素は太陽系誕生のはるか昔に起こった超新星爆発に由来すると考えられる．その超新星爆発が起こった時期の手がかりとなるのは，ウランの同位体 ^{235}U と ^{238}U の比率である．超新星の爆発によって生成した ^{235}U と ^{238}U の比率はほぼ等量と考えられるが，地球上の ^{235}U は ^{238}U に対して 0.72％ である．^{235}U および ^{238}U の半減期はそれぞれ約 7.0 億年および約 44.6 億年であることから，太陽系にある様々な元素をもたらした超新星の爆発は今から約 60 億年前に起こったものと推定されている．我々の太陽系は，約 60 億年前に起こった超新星爆発の出来事なくしては存在しえないのである．

1.2.2 太陽の現在と将来

太陽の中心部の温度は約 1500 万度に達しており，水素原子核の核融合反応が約 46 億年続いている．中心部の温度は，太陽の半径（1.4×10^6 km），質量（2×10^{30} kg）および表面温度（5,700 度）から見積もられた温度である．太陽から放出されるエネルギーを質量に換算すると 1 秒当たり 4.2×10^6 ton の質量が失われていることになり，この値から，4 個の ^{1}H が融合して ^{4}He に変わる核融合反応は今後 50 億年程度続くと推定されている．やがて中心部の水素原子核の核融合反応が終了するとヘリウム原子核の塊ができ，その塊を水素原子核の層が取り囲む二重構造となる．中心部ではヘリウム原子核の核融合反応が起こり炭素原子核（^{12}C）や酸素原子核（^{16}O）が生成する．外側にある水素原子核層の内部では水素原子核の核融合反応が起こっていて星全体が膨張して赤色巨星となり，外側の成分は星間物質として宇宙空間に放出される．したがって，地球は約 50 億年後に，赤色巨星となった太陽に飲み込まれる運命にあると考えられている．

一方，炭素原子核や酸素原子核が主成分の中心部では，それ以上重い元素を生成する核融合反応の燃焼温度に達することができないため，重力の作用で収縮が始まり白色矮星となり，次第にエネルギーを失っていく．

演 習 問 題

1.1 太陽系は今から約 46 億年前に誕生したと考えられている．これに関連して下記の問いに答えよ．

(1) 46 億年という年齢はどのような方法で推定されたのか説明せよ．

(2) JAXA が推進してきた小惑星探査機“はやぶさ”の重要な役割を太陽系の生い立ちと関係づけて説明せよ．

第2章

放射線の化学

原子核は，陽子と中性子で構成されているが，その安定性は陽子数と中性子数，およびその比率に依存しており，安定同位体と不安定同位体に分類される．不安定同位体は α 線や β 線，γ 線などの放射線を放出して安定な同位体に壊変する．本章では，不安定な原子核の様々な核壊変と放射線および放射線の単位について学んだ後，放射線の安全に関する法令と放射線量の上限，放射線を用いた診断と治療，年代測定や元素分析，原子力エネルギーの利用について学ぶ．

2.1 原子核の安定性と壊変

原子核の安定性は陽子と中性子の数に依存する．小さい原子番号の元素（$Z<20$）では，原子核の中の陽子数 Z と中性子数 N が等しい場合に最も安定である．これより大きい原子番号の元素では，陽子間の反発力が増加する．中性子の方は N の増加とともに引力が増加するので，陽子間の反発力の増加を補償するため余分な中性子が必要となる．こうして $Z>20$ の元素では，Z が大きくなるにつれて $\frac{N}{Z}$ の値が大きくなる．^{209}Bi より重い原子核では，陽子間の反発力が引力に打ち勝って増大する．この反発力を小さくするために自然に**核分裂**を起こすのである．

原子核の安定度は，中性子数と陽子数の比 $\frac{N}{Z}$ の他に，陽子および中性子の数が偶数か奇数かによっても影響される．偶数個の陽子および中性子をもつ原子核が最も安定であり，次に安定なのは，陽子数か中性子数いずれかのみが奇数のものである．陽子数および中性子数がともに奇数の原子核は，ほとんどが不安定で放射性核となる．陽子および中性子が偶数の核が最も安定なのは，核子がすべて対をつくるからである．このように，原子核の安定性は陽子数（Z）と中性子数（N）および $\frac{N}{Z}$ 比に依存し，$\frac{N}{Z}$ 比がこの安定比より高いか低い値をもつ原子核は崩壊して安定な原子核になろうとする．原子核の壊変には，代表的なものとして **α 線**，**β 線**，**γ 線**の放出を含む5つの過程がある．

(1) **α 壊変**：α 壊変では，放射性元素の原子核が崩壊して α 線（^{4}He の原子核）を放出し，質量数が4（陽子2＋中性子2）だけ減少する．その結果，原子番号が2だけ減少する．α 壊変は質量数が200を超えるような重い原子核における重要な崩壊過程であり，ラジウム ^{226}Ra の α 壊変が代表的な例である．

(2) **β^- 壊変**：中性子数（N）と陽子数（Z）の比 $\frac{N}{Z}$ が安定比より高すぎる場合，すなわち中性子が過剰な場合，$\frac{N}{Z}$ が減少するように原子核は電子を β^- 線として放出する．その結果，原子核の中では中性子が陽子に変わり原子番号が1だけ増加する．多くの元素に中性子を照射させると，中性子捕獲反応によって不安定な放射性同位体ができ，β^- 壊変を起こす．

(3) **β^+ 壊変**：中性子数（N）と陽子数（Z）の比 $\frac{N}{Z}$ が安定比より低すぎ

る場合，すなわち中性子が不足している場合，$\frac{N}{Z}$ が増大するように原子核は**陽電子**を β^+ 線として放出する．その結果，原子核の中では陽子が中性子に変わり原子番号が 1 だけ減少する．不安定同位体 ^{22}Na が代表的な例である．

(4) **電子捕獲**：中性子数（N）と陽子数（Z）の比 $\frac{N}{Z}$ が安定比より低すぎる場合，すなわち中性子が不足している場合，β^+ 壊変とは別の過程として電子捕獲がある．これは，原子核が核外電子（K 殻の 1s 電子）を捕獲して陽子が中性子に変わるものであり，原子番号が 1 だけ減少する．不安定同位体 ^{40}K が代表的な例である．

(5) **自然核分裂**：^{235}U（半減期：7.0×10^8 y），^{238}U（半減期：4.5×10^9 y）などの原子核は自然に核分裂を起こす．これを自然核分裂とよんでいる．

コラム 2.1 ノーベル物理学賞とノーベル化学賞を受賞したキュリー夫人

マリー スクロドフスカ キュリー（Maria Sklodowska-Curie, 1867–1934）は 1867 年にポーランドのワルシャワで生まれた．彼女は 24 歳のときパリに出てパリ大学で物理学を学び 1895 年にピエール キュリー（Pierre Curie, 1859–1906）と結婚した．自然に放射性壊変を起こす元素の存在がキュリー夫妻によって 19 世紀末に初めて証明されたことは，あまりにも有名である．

1886 年，ベクレル（Antoine Henri Becquerel, 1852–1908）はウラン鉱物がレントゲン線（X 線）とは異なる奇妙な**放射線**を出し，これが空気をイオン化することを発見した．キュリー夫妻はベクレルが発見した現象に刺激を受け，放射線による空気のイオン化の量を電気的に精密測定する装置を開発し，ウランやトリウムを含む様々な鉱物から出る**放射能**（物質が放射線を出す性質や現象）を調べていたが，チェコのボヘミヤにある鉱山で産出される閃ウラン鉱石（ピッチブレンド）が異常に強い放射能をもっていることを突きとめ，この鉱石にウランやトリウムよりもはるかに放射能の強い元素が存在することを確信し，化学分析の手法で新元素の探索を行い，1889 年に強い放射能をもつ 2 種類の新元素を発見した．最初の新元素は，化学的に元素を分離していく過程でビスマス（Bi）と一緒に硫化物として沈殿させた物質の中から単離することに成功した．新元素は，キュリー夫人の祖国の名前にちなんでポロニウム（Po）と命名された．また，閃ウラン鉱石から未知の元素の分離を行っていたとき，ポロニウムが含まれるビスマスの沈殿とは別に，バリウム（Ba）を含む沈殿に強い放射能が存在することを突きとめ，ポロニウムとは別の新元素が存在することを確信した．そして，バリウムを含む沈殿から分離・精製する操作を繰り返し，ついに放射能をもつ2番目の新元素を塩化物として単離することに成功した．この新しい元素は，放射線を放出するため，ラテン語の radius（放射）にちなんでラジウム（Ra）と命名された．キュリー夫妻は0.1 g の塩化ラジウムを抽出するために，数トンの閃ウラン鉱石を用い，約1万回におよぶ分離・精製操作を繰り返したのである．

1903年，キュリー夫妻はベクレルとともに放射能の発見・研究でノーベル物理学賞を受賞した．不幸なことに，ピエールは1906年，暴走した馬車にはねられ死亡したが，マリーはピエールの後継者としてパリ大学の教授に迎えられ，その後，共同研究者とともにラジウム金属の単離に成功し，ラジウムの化学的性質に関して多くの発見をした．1911年にはラジウムおよびポロニウムの発見とその性質の研究で，ノーベル化学賞を受賞している．なお，娘イレーヌとその夫フレデリックはアルミニウムに α 線を照射することにより世界初の人工放射性同位体である ^{30}P の合成に成功した．二人はこの功績により1935年にノーベル化学賞を受賞している．

2.2 放射線と放射能

2.2.1 放射線と放射能の単位

放射能，放射線および放射性物質の定義について，身近な懐中電灯の強度および明るさと対比させながら理解してみよう．図 2.1 は放射能および放射線の定義と光の強さおよび明るさの定義を対比させたものである．図 2.1 において，放射性物質は懐中電灯に対応し，放射線を出す能力である放射能は，懐中電灯の光の強度（カンデラ：cd）に対応している．放射能の強さを表す単位である**ベクレル**（Bq）は1秒間に原子核が崩壊する数と定義されている．なお，1 g のラジウム226（^{226}Ra）の放射能は 3.7×10^{10} Bq であり，古い単位であるキュリー（Ci）では1 Ci に対応する．放射性物質から放出される放射線は距離の2乗に反比例して弱くなり，放射線が人体や物質に吸収される量は単位**グレイ**（Gy）で表される．1 Gy は物体 1 kg 当たり 1 ジュール（J）のエネルギーの吸収に対応している．この単位は，人体が受ける光の明るさの単位であるルクス（lx）に対応している．

ところで放射線が人体の組織に与える影響は放射線の種類や組織の部位によって大きく異なるため，放射線の生物学的影響の度合いを表す単位として**シーベルト**（Sv）が次式のようにして定義されている．

$$\text{シーベルト (Sv)} = \text{放射線の吸収量 (Gy)} \times \text{放射線の加重係数} \times \text{組織の加重係数} \qquad (2.1)$$

図 2.2 は，様々な放射線の透過性と遮蔽材料を示したものである．荷電粒子である α 線や β 線は容易に遮蔽することができるが，高エネルギーの電磁波である X 線や γ 線は鉛などの重金属の板でなければ遮蔽できない．高エネルギーの中性子線は，鉛などの重金属の板を貫通するが，水の層で遮蔽することができる．このように人体の組織に与える影響は放射線の種類によって異なるため，放射線の加重係数が必要になる．例えば γ 線は人体を透過するため加重係数が 1 であるが，α 線は人体の組織で止まり，放出された高エネルギーが組織に損傷を与えるため加重係数を 20 と算出している．放射線の影響は人体組織に依存するため，各組織の加重係数が算出されており，すべての組織の加重係数を合わせると 1 になる．したがって，γ 線が人体全体に曝された場合，1 Sv = 1 Gy となる．放射線に関する単位とその定義を 表 2.1 に示す．

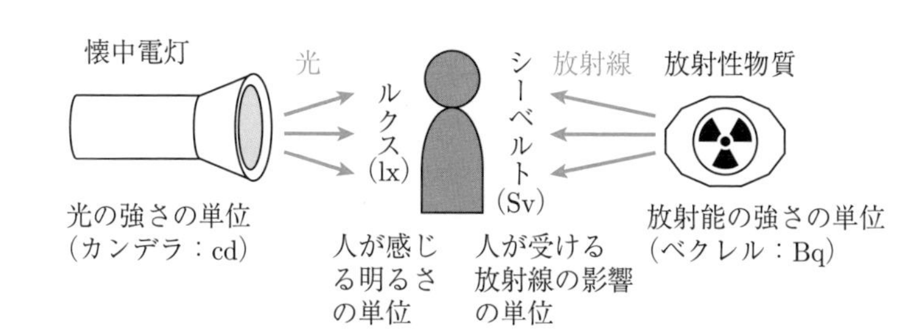

図 2.1 放射能および放射線の定義と光の強さおよび明るさの定義の対比

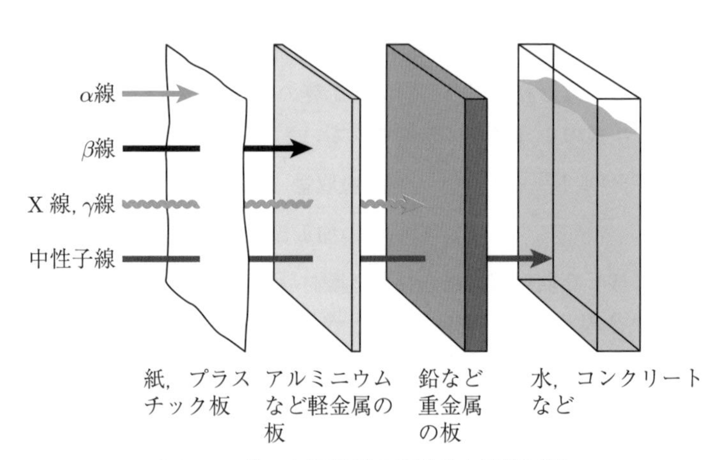

図 2.2　様々な放射線の透過性と遮蔽材料

表 2.1　放射線に関する単位

名称	単位と記号	定義
放射能	ベクレル（Bq）	1秒間に原子核が崩壊する数を表す単位.
吸収線量	グレイ（Gy）	放射線のエネルギーが物質に吸収された量を表す単位であり, 1 Gy は物質 1 kg 当たり 1 J のエネルギーを吸収した線量.
線量	シーベルト（Sv）	放射線の被曝によって人体が受ける量を表す単位であり, 放射線の種類と人体の部位に依存する.

2.2.2　放射線の安全に関する法令と放射線量の限度

放射線の安全に関する法令と放射線量の限度に関しては，**国際放射線防護委員会**（**ICRP**：International Commission on Radiological Protection）で勧告している基準が世界各国の放射線被曝の安全基準作成の際に尊重されている．ICRPは英国に本部を置く民間の独立機関であり，事業目的は，科学的かつ公益的観点に立って，**電離放射線**の被曝による癌やその他疾病の発生を低減すること，および放射線照射による環境影響を低減することにある．ICRPは，出版物の印税，放射線防護に関心のある多くの機関からの寄付で運営されている．なお，寄付はICRPの独立性の尊重および活動計画・委員選任への不介入が条件である．ICRPの放射線量の限度に関する勧告は下記の通りである．この勧告は自然放射線と患者の医療放射線の線量を除いている．

- 公衆　年間：1 mSv
- 放射線業務従事者　年間：最大50 mSv，5年間：100 mSv

ICRPの分析による短期・大量被曝による急性放射線傷害は図2.3に纏められている．

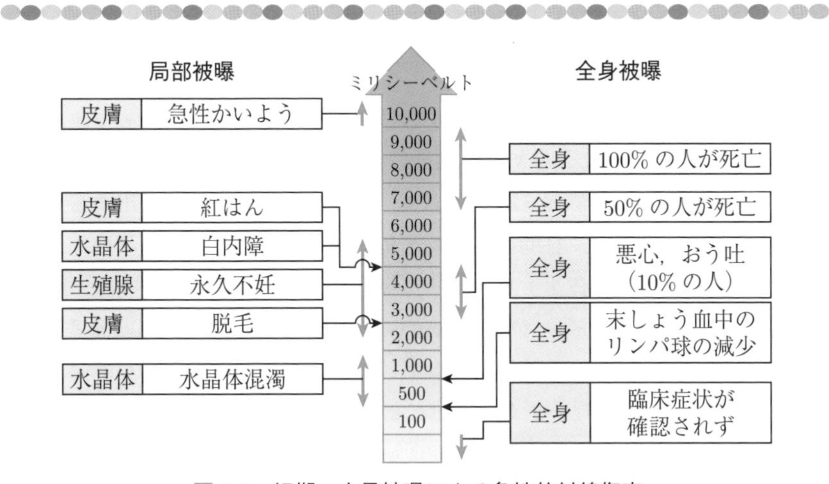

図2.3　短期・大量被曝による急性放射線傷害

〔ICRP Pub.60,103 他より作成〕

2.2.3　医療分野における放射線量

私たちは様々な疾病の診断のため，放射線を利用した検査を受けており，放射線は医療分野で必要不可欠なものになっているが，検査に伴う放射線のリスクについて把握しておく必要がある．表2.2は放射線を利用した検査における放射線量を示したものである．なお，血管造影検査やカテーテル治療では，人体組織によって放射線の影響が異なるため，被曝放射線量としてGyを用いている．

2.3　放射性同位体の利用

2.3.1　放射化分析

たいていの元素は原子炉から出る中性子線を照射させると，中性子捕獲反応によって不安定な放射性同位体ができる．この放射性同位体が壊変するときに放出する γ 線のエネルギーは同位体固有であるため，これを測定することにより元素を分析することができる．たいていの元素を微量（10^{-9}%程度）で同時に分析できるため，元素分析の重要な手段として利用されている．

2.3.2　トレーサー

元素の化学的性質はほとんど，原子の核外電子の数と配置によって決定されるため，異なる同位体であって化学的性質は同じとみなしてよい．そこで，安定同位体の中に放射性同位体を混ぜておき，その放射性同位体が放出する放射線を追跡することにより，目的の元素の挙動を知ることができる．このような目的に用いる放射性同位体を**トレーサー**（標示元素）とよぶ．トレーサー利用の最も顕著な例は，カルビン（M. Calvin, 1911–1997）とその共同研究者が ^{14}C をトレーサーとして用い，植物の光合成における複雑な反応機構を解明したことである．カルビンは原子炉から多量に得られる $^{14}CO_2$ を利用し，光合成の暗反応である二酸化炭素固定化反応の初期産物を同定した．また，CO_2 受容体は中間代謝産物を経て回路（カルビン–ベンソン回路）により再生されると推定した．主に単細胞緑藻クロレラの懸濁液を用い，種々の中間代謝産物への ^{14}C ラベル出現の時間経過と各分子内の ^{14}C 分布を詳しく解析して光合成の暗反応である炭素還元回路を明らかにした．カルビンはこの功績により1961年にノーベル化学賞を受賞している．

2.3.3　年代測定

原子核の壊変は，熱，圧力，化学変化などには全く影響されないため，精密な年代測定に利用することができる．年代測定に利用される放射性同位体とその半減期および最終生成同位体を表2.3に示す．ここでは，放射性カリウム（^{40}K）を用いた地球の年代測定（**カリウム・アルゴン法**）および放射性炭素（^{14}C）を用いた考古学における年代測定（**炭素14法**）について述べる．

表2.2　医療分野における放射線量

放射線を利用した検査	被曝線量（Sv, Gy）
胸部エックス線検査	0.02 mSv
バリウム($BaSO_4$)による胃のエックス線検査	1.5 mSv
頭部CT検査	2.0 mSv
胸部CT検査	8.0 mSv
PET検査	2〜3 mSv
血管造影検査，カテーテル治療	20（mGy/分）× 透視時間（分）

表2.3　放射性同位体を用いた年代測定法

年代測定法と対象	放射性同位体	半減期（年）	最終生成同位体
ウラン・鉛法（地球年代測定）	^{238}U	4.47×10^9	^{206}Pb
トリウム・鉛法（地球年代測定）	^{232}Th	1.41×10^{10}	^{208}Pb
カリウム・アルゴン法（地球年代測定）	^{40}K	1.28×10^9	^{40}Ar（11%） ^{40}Ca（89%）
炭素14法（考古学年代測定）	^{14}C	5.73×10^3	^{14}N

■地球の年代

太陽系の地球や惑星が今から約46億年前に形成されたことはよく知られているが，46億年という数値が得られるようになったのは，放射性同位体による年代測定法の基礎が確立し，その測定精度が向上した1950年代以降である．太陽系において，星間物質が凝集して鉱物が生成されると，放射性同位体やその壊変生成物は鉱物に閉じ込められるので，それらの量の測定によって鉱物のできた年代がわかる．地球の年代決定には，半減期が10^9～10^{10}年程度の放射性同位体が利用される．例えば，カリウムを含む鉱物には^{40}Kが含まれている．この^{40}Kは半減期1.28×10^9年の放射性同位体であり，その11%は電子捕獲により^{40}Arになる．したがって，鉱物中の^{40}Kと^{40}Arの比を測定すればその鉱物の年代を知ることができる．このようにして，地球上において最古の岩石の年代が40億年を超えること，最古の隕石の年代が45～46億年であることが明らかになった．なお，最古の隕石であるアエンデ隕石（Allende meteorite）は1969年2月8日，メキシコ・チワワ州のアエンデ村周辺に落下した隕石である．大気中で爆発して数千の破片となった隕石は，総重量が5 tonと見積もられ，年代測定の結果，45.7億年前に形成されたものであり，太陽系最古の物質とされている．このことから，星間物質が凝集して太陽系が形成されたのは，今から約46億年前と推定されている．

■考古学の年代測定

自然界に存在するほとんどの放射性同位体は著しく長い半減期をもっているが，^{14}Cは半減期が5730年であり著しく短寿命である．したがって，地球が誕生したときに存在していた^{14}Cは消滅しているはずである．それにもかかわらず^{14}Cが自然界に存在するのは，地球上に降り注ぐ太陽風など宇宙線中の中性子が^{14}Nと

$$^{14}\mathrm{N} + {}^{1}\mathrm{n} \rightarrow {}^{14}\mathrm{C} + {}^{1}\mathrm{H} \qquad (2.2)$$

の核反応を起こし^{14}Cが生成するからであり，大気中における^{14}Cの割合は一定となっている．^{14}Cはβ^-壊変を起こして再び^{14}Nに戻るため，^{14}C/^{12}C比は平衡状態にある．^{14}Cは酸素と結合してCO_2となり，CO_2は光合成によって植物体内に入る．動物体内の炭素は植物から由来するものであるから，動植物は同じ^{14}C/^{12}C比をもっている．そして動物あるいは植物が死滅すると，外界

との間で炭素の交換がなくなり，体内の ^{14}C は 5730 年の半減期で減衰していく．これを利用して，化石や古代遺物（木材，骨，その他の有機物）などの年代を決定することができる．炭素 14 を用いた考古学的年代測定の手法はリビー（W.F. Libby, 1908–1980）によって開発されたものであり，彼はこの功績により 1960 年にノーベル化学賞を受賞している．

コラム 2.2　炭素 14 法による死海文書の年代決定

旧約聖書の写本である死海文書は 1950 年代，廃墟と化した古代の集落クムラン（Qumran）周辺の洞窟（死海の北西沿岸）で発見された文書である．この死海文書はローマ軍が侵入したとき，ユダヤ人たちの最初の反抗として知られる闘争（第一次ユダヤ戦争，紀元 66–70 年）の際，クムラン洞窟に隠されたものと思われている．死海文書は，旧約聖書のイザヤ書，詩篇などが確認されている．炭素 14 法などから，死海文書は紀元前 200 年から紀元 70 年頃までの間に書かれたものと判定されている．なお，死海文書は今までに発見された旧約聖書の最古の写本である．図 2.4 は，クムラン洞窟の位置と死海文書の旧約聖書に関する資料（4Q175）の断片である．

図 2.4　死海文書が発見されたクムランと死海文書（資料 4Q175 の断片）

2.3.4 β^+ 壊変を用いた癌検診：PET 検診

PET とは「**陽電子放射断層撮影**」という意味であり，Positron Emission Tomography の略である．通常，癌は腫瘍ができるなど，体に変化が起きてから見つかることが多く，癌細胞の成長がある程度進んでからでないと発見しにくい病気である．PET 検査では，検査薬を点滴で人体に投与することで，全身の細胞のうち，癌細胞だけに目印をつけることができる．PET により，従来の検査に比べて小さな早期癌細胞まで発見することが可能となった．癌細胞は増殖のために正常細胞に比べて 3〜8 倍のブドウ糖を取り込む性質があり，PET 検査はこの性質を利用している．ブドウ糖と分子構造が似ている分子 ^{18}F-FDG（フルオロデオキシグルコース）を体内に注射し，しばらくしてから全身を PET で断層撮影する．癌細胞はブドウ糖と構造がよく似ている ^{18}F-FDG をブドウ糖と一緒に細胞内に取り込むが，^{18}F-FDG は体内で代謝されないため，腎臓，尿管，膀胱を経由して尿と一緒に体外に排泄される．このようにして，ブドウ糖および FDG が多く集まる部位がわかり，癌を早期発見する手がかりとなる．

PET に用いられる β^+ 壊変を起こす放射性同位体は ^{11}C, ^{13}N, ^{15}O, ^{18}F など半減期の短い核種である．β^+ 壊変は核内の中性子が不足しているために陽子は陽電子を核外に放出することにより中性子に変わる反応である．β^+ 壊変を起こす放射性同位体は加速器（サイクロトロンなど）で陽子を照射して陽子過多の核種として作製される．人体に投与された β^+ 壊変を起こす放射性同位体は，体内で崩壊して陽電子を放出する．放出された陽電子は近傍の電子と対消滅して 2 個のガンマ線を互いに 180° 逆方向に放出する．PET では，人体の周囲を取り巻くように配列された検出器でガンマ線を検出する．図 2.5 は，β^+ 壊変を起こす代表的な放射性同位体とその半減期，および PET 診断に用いられる ^{18}F-FDG とブドウ糖の分子構造を示したものである．

(a)

β^+ 壊変同位体	半減期
^{11}C	20 分
^{13}N	10 分
^{15}O	2 分
^{18}F	110 分

(b)

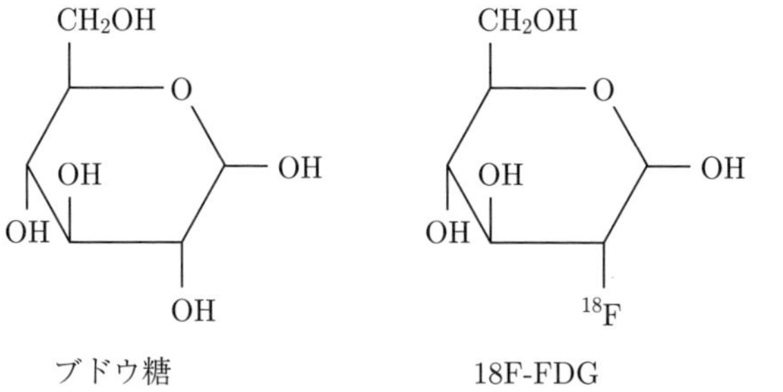

図 2.5　β^+ 壊変を起こす放射性同位体と半減期，および **PET** に用いられる **^{18}F-FDG** とブドウ糖の分子構造

2.4 原子力エネルギーの利用

2.4.1 質量欠損と原子力エネルギー

陽子，中性子の質量をそれぞれ $m_{\mathrm{p}}, m_{\mathrm{n}}$ とすると，陽子を Z 個，中性子を N 個もつ原子核の質量 $M(Z,\ N)$ は，$Zm_{\mathrm{p}}+Nm_{\mathrm{n}}$ となるはずであるが，実際には原子核の質量は $Zm_{\mathrm{p}}+Nm_{\mathrm{n}}$ より少なく，その差

$$\Delta M = M(Z,\ N) - (Zm_{\mathrm{p}} + Nm_{\mathrm{n}}) \tag{2.3}$$

は**質量欠損**とよばれる．この質量欠損は，陽子と中性子から安定な原子核を生成するときに核子間の結合エネルギーに用いられたために生じたものである．質量 m とエネルギー E との間には，$E=mc^2$ の関係がある．ここで c は光の速度である．^{4}He の場合，

$$\Delta M = M(2,2) - (2m_{\mathrm{p}} + 2m_{\mathrm{n}}) = -0.03038\,\mathrm{u}$$

となり，質量欠損が 0.03038 u と求まる．u は**統一原子質量単位**とよばれ，^{12}C 原子の $\frac{1}{12}$ の質量であり，1 u は 1.4924×10^{-10} J のエネルギーに相当する．すなわち 4 g の水素がすべてヘリウムに変換された場合，2.731×10^{12} J のエネルギーを生み出すことになり，これは 100 W の電灯を約 900 年間点灯させるエネルギーに相当する．

核子 1 個当たりの結合エネルギーは質量数（原子核に含まれる陽子数と中性子数の和）に対して，図 1.3 に示すような変化をする．この図から，^{56}Fe より重い元素は核分裂を起こして安定な元素に，^{56}Fe より軽い元素は核融合を起こして安定な元素になる傾向がわかる．例えばラジウム（^{226}Ra）は下に示す α 壊変の反応式に従ってラドン（^{222}Rn）とヘリウム（^{4}He）に分裂する．

$$^{226}\mathrm{Ra} \rightarrow {}^{222}\mathrm{Rn} + {}^{4}\mathrm{He} + 4.87\ \mathrm{MeV}\ (= 7.80\times10^{-13}\ \mathrm{J}) \tag{2.4}$$

すなわち，^{226}Ra であるよりは ^{222}Rn と ^{4}He に分裂した方が 4.87 MeV（$=7.80\times10^{-13}$ J）だけ安定になるので，α 壊変が自然に起こるのである．

2.4.2 原子核分裂と原子力発電

天然のウランには ^{235}U が 0.7%, ^{238}U が 99.3% 含まれている．このうち，^{235}U の原子核は速度の遅い中性子を吸収すると不安定になり，質量数 72 から 161 まで約 100 種類以上にわたる原子核に分裂する．代表的な例をあげると，^{235}U は遅い中性子を 1 個吸収して ^{141}Ba, ^{92}Kr および 3 個の中性子に分裂する．この場合の質量欠損は 0.22 u にも達し，エネルギーに換算すると約 200 MeV という膨大な値になる．^{235}U の核分裂を平均すると，1 回の核分裂当たり平均 2.5 個の中性子と平均約 200 MeV のエネルギーを生成することになる．核分裂によって生成した中性子が周りの ^{235}U に捕獲されると核分裂が起こり，再び中性子が生成するという連鎖反応が起こる．この連鎖反応の過程において，1 回の核分裂で生成された中性子のうち平均して 1 個の中性子が次の核分裂反応を起こすために使われる，という条件（臨界条件）が達成できれば，1 回の核分裂当たり約 200 MeV のエネルギー放出を伴う核反応が持続できる．これが原子炉中で制御された連鎖反応である．

原子炉は，^{235}U などの核燃料を用いて核分裂を一定の割合に持続して起こさせ，発生するエネルギーを有効に取り出すものである．^{235}U の核分裂で生じた中性子の運動エネルギーは約 2 MeV と高く，**高速中性子**とよばれる．ところが ^{235}U は運動エネルギーが 1 eV 以下の**熱中性子**とよばれるエネルギー領域の中性子を効率よく吸収して核分裂を起こすことから，高速中性子を減速させて熱中性子にする必要がある．高速中性子と衝突して，中性子のエネルギーを下げる材料を**減速材**という．この場合，減速材の原子核は軽いほど効率がよいので，軽水（通常の水．質量数が 2 の重水素と酸素の化合物である重水と区別するために軽水という），重水，黒鉛（グラファイト）が減速材として用いられ，これらの減速材を用いた原子炉をそれぞれ**軽水型原子炉**，**重水型原子炉**，**黒鉛型原子炉**とよばれている．また，核分裂を一定の割合で持続させるためには，炉心内の中性子の一部を**制御棒**に吸収させ，核分裂を制御する必要がある．制御棒には，ホウ素など中性子の吸収効率の高い物質が選ばれる．核分裂の連鎖反応で生じた熱エネルギーを外部に取り出すための材料が冷却材であり，軽水などが用いられる．原子力発電所では，この冷却材が直接（沸騰水型炉）または間接（加圧水型炉）にタービンを回転させて発電する．

高速増殖炉では，天然ウランにプルトニウム（^{239}Pu）を20%程度混合したウラン・プルトニウム酸化物を核燃料として用いる．^{239}Puは高速中性子を吸収して核分裂を起こす．また，^{238}Uは，核分裂の際に生じる高速中性子を吸収して^{239}Uとなり，これがβ^-壊変して^{239}Puになるため^{239}Puの増殖が起こる．すなわち，消費した核燃料以上の核燃料が生産されることから，高速増殖炉とよばれる．高速増殖炉では高速中性子を必要とするため，高速中性子を減速させてしまう軽水や重水を冷却材として用いることができない．したがって，高速中性子の状態を保ったままで熱エネルギーを外部に取り出す冷却材として融点が低く熱輸送能力の高いナトリウム，ガリウム，鉛・ビスマス合金などの金属材料が検討されてきた．ガリウムやビスマスなどは希少金属で高価であることなどから，福井県にある高速増殖炉「もんじゅ」では液体ナトリウムが使用された．しかし，ナトリウムは水と爆発的に反応するため技術的な課題が多くあり，1995年にはナトリウム漏洩と火災事故が起こり，2016年に廃炉が決定された．図2.6に核分裂で生じた高速中性子を減速させて熱中性子に制御する仕組みと高速中性子を保つ仕組みを示す．

2.4.3 原子力電池

放射性同位体から放出されるα線やβ線のもつエネルギーは，物質に吸収される際，熱エネルギーに変わる．この熱エネルギーによって生じる高温と外気温との温度差から，**熱電変換素子**を通して**熱起電力**を発生させることができる．この熱起電力で駆動する電池が**原子力電池**である．α線は簡単に遮蔽することができるため，α壊変を起こす放射性同位体が原子力電池の燃料として利用されている．特にプルトニウム238（^{238}Pu）はα線を放射し，γ線が極めて少ないこと，また半減期が約88年と長いことから，小型で寿命の長い原子力電池として利用されている．人工衛星などのように十分な太陽光エネルギーが得られる地球周辺の軌道では太陽電池を使うのが一般的であるが，太陽電池の利用が困難な木星より遠い宇宙の探査には原子力電池は必要不可欠なエネルギー源である．木星における太陽光の強度は地球の約3.7%であり，土星では約1.1%にすぎない．原子力電池は，冥王星などを探査するために2006年に米国が打ち上げた太陽系外縁天体探査機であるニューホライズンズなどに搭載されている．

2.4.4　核融合の利用

図 1.3 で示したように ^{56}Fe より軽い原子では，核融合反応により結合エネルギーの大きな原子核になる傾向がある．その際，質量欠損による莫大なエネルギーが発生する．この核融合反応を制御しながら持続的にエネルギーを取り出して発電などに用いるのが**核融合炉**である．核融合反応のうち，比較的低温で起こる重水素と三重水素による以下の反応が最も現実的とされ，開発が進められている．

$$^{2}\mathrm{H} + {}^{3}\mathrm{H} \rightarrow {}^{4}\mathrm{He} + {}^{1}\mathrm{n} + 17.6\,\mathrm{MeV} \tag{2.5}$$

重水素と三重水素が核融合反応を起こすためには，プラズマ（原子核と核外電子がばらばらになった高温ガス）の温度を約 1 億度にし，それを 1 秒間ほど持続させることが必要である（臨界プラズマ条件）．超高温のプラズマを一定時間高密度に閉じ込める技術開発が国内外で進行中であるが，核融合反応の持続とそのエネルギーの取り出しなど解決すべき多くの困難な課題がある．

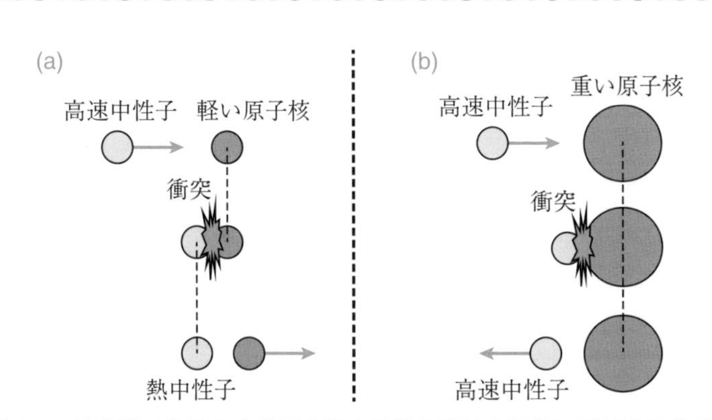

図 2.6　核分裂で生じた中性子を熱中性子や高速中性子に制御する仕組み

演習問題

2.1　考古学における年代決定には，半減期が約 5,700 年の放射性炭素（^{14}C）が用いられる．その原理と年代決定の具体例を述べよ．

2.2　放射線と放射能という用語はよく混同して用いられている．放射線と放射能の定義を述べよ．

2.3　放射性元素の出す α 線，β^+ 線，β^- 線，γ 線について説明せよ．また，放射線を放出した後の原子の原子番号および質量数の変化について述べよ．

第3章

原子の電子構造と周期律

自然界の物質を構成する元素の概念は紀元前のギリシア哲学によって提唱されていたが，実験事実に基づいた元素の概念を初めて提唱したのはボイルであり，周期表を作成して未知の元素の存在とその物理・化学的性質を予言したのはメンデレーエフであった．本章の前半では，周期律の確立に至るまでの元素の探索，周期律と元素の分類，モーズリーの法則と原子番号の意味について学び，後半では水素原子の輝線スペクトルと水素原子のボーア模型，多電子原子の電子軌道と電子配置について学ぶ．

3.1 元素と周期律

3.1.1 元素の概念の確立

自然界の物質を構成する根源としての元素の哲学的な概念はデモクリトスやエピクロスなど紀元前のギリシアの哲学者達によって提唱されていたが，実験事実に基づいた元素の概念を初めて提唱したのはボイル（R. Boyle, 1627–1691）であった．ボイルの定義によると，元素とはどのような手段によってもそれ以上分割できない物質で，多数存在する．ボイルによる元素の概念の提案以降，錬金術時代から培ってきた分析化学的方法による元素の探索が行われ，18世紀末には約30種類の元素が明らかにされた．現在では，元素とは同一原子番号をもつ原子の集合名詞と定義されている．

3.1.2 電気化学による元素の探索

19世紀の初めには，イタリアのボルタ（A.G.A.A. Volta, 1745–1827）が電池を発明したが，ボルタが発明した電池（**ボルタ電池**）を利用して元素を遊離し，新元素の発見に導いたのはイギリスのデイビー（H. Davy, 1778–1829）であった．デイビーは1807年，ボルタ電池を用いて溶融状態の水酸化カリウムからカリウムを単離することに成功した．デイビーは電気化学的手法により8種類の元素を発見している．電気化学的手法による様々な元素の発見により，化合物の結合が正と負の電気的な引力によるという概念が形成されていった．

3.1.3 分光分析による元素の探索

19世紀の半ばになると，ブンゼン（R.W. Bunsen, 1811–1899）とキルヒホッフ（G. Kirchhoff, 1824–1887）は後にブンゼンバーナーとよばれることになるバーナーとプリズム分光器を組み合わせて，**炎色反応**による**分光分析**の手法を確立させ，1860年，鉱泉水の分光分析により未知の青色の輝線スペクトルを発見し，このスペクトルの起源となる新元素をラテン語の青色（caesius）にちなんでセシウム（Cesium, Cs）と名づけた．翌年の1861には未知の赤色の輝線スペクトルを発見し，このスペクトルの起源となる新元素をラテン語の赤色（rubidus）

にちなんでルビジウム（Rubidium, Rb）と名づけた．彼らはまた，分光分析の手法により，太陽および恒星に存在する元素の分析を行うなど，分光分析の基礎を築いた．以後，分光分析は新元素探索の重要な手段となり，相次いで新元素が発見されていった．

3.1.4 周期律の発見

19 世紀に開発された電気分解・発光スペクトル分析など新技術によって未知元素の発見が相次ぎ，1860 年代には元素として認められたものが約 60 種類にもなり，元素を分類整理する試みがなされた．

1864 年，ニューランズ（J.A.R. Newlands, 1787–1826）は元素を原子量の順に並べると，8 番目ごとに似た性質のものが来るという**オクターブの法則**を提唱した．この中で，彼が原子量そのものよりも，その順が重要であることを認め，いくつかの入替えを行っている．1869 年，マイヤー（J.L. Meyer, 1830–1895）は 1 モル質量の固体元素の体積を cm^3 単位で示した数値（原子量/密度当たり，**原子容**という）を縦軸に，原子量を横軸にとったグラフが著しい周期性を与えることを発表した．同年，メンデレーエフ（D.I. Mendelejev, 1834–1907）は化学的性質にも同様の周期性を認め，初めて**周期表**としてこれを示した．彼が**周期律**を元素の基本的性質として明確に認識し原子量の順を入れ替えたり，未知元素の存在を予想して表に空欄を残したことは特筆に値する．表 3.1 は 1870 年に発表したメンデレーエフの周期表である．

メンデレーエフは周期律の存在を確信し，周期表上でホウ素の下，原子量 44 付近にエカホウ素，アルミニウムの下，原子量 68 付近にエカアルミニウム，その右隣でケイ素の下，原子量 72 付近にエカケイ素の存在を予言し，単体の比重・融点・原子容・酸化物や塩化物の組成や性質を推定した．これらはそれぞれスカンジウム $_{21}Sc$ (1879)，ガリウム $_{31}Ga$ (1875)，およびゲルマニウム $_{32}Ge$ (1886) として発見され，実測の諸性質が推定値と驚くべき一致を示した．このようにして周期表は元素探索の重要な指導原理となり，メンデレーエフは 3 元素の発見者を周期律の確立者とよんだ．表 3.2 はメンデレーエフが予言したエカケイ素と実際のゲルマニウムの物理的および化学的性質を比較したものである．

表 3.1　メンデレーエフによる周期表（**1870** 年）

周期	I	II	III	IV	V	VI	VII	VIII
1	H=1							
2	Li=7	Be=9.4	B=11	C=12	N=14	O=16	F=19	
3	Na=23	Mg=24	Al=27.3	Si=28	P=31	S=32	Cl=35.5	
4	K=39	Ca=40	**□=44**	Ti=48	V=51	Cr=52	Mn=55	Fe=56 Co=59 Ni=59 Cu=63
5	（Cu=63）	Zn=65	**□=68**	**□=72**	As=75	Se=78	Br=80	
6	Rb=85	Sr=87	?Yt=88	Zr=90	Nb=94	Mo=96	**□=100**	Ru=104 Rh=104 Pd=106 Ag=108
7	（Ag=108）	Cd=112	In=113	Sn=118	Sb=122	Te=125	I=127	
8	Cs=133	Ba=137	?Di=138	?Ce=140	——	——	——	——
9	（——）	——	——	——	——	——	——	
10	——	——	?Er=178	?La=180	Ta=182	W=184	——	Os=195 Ir=197 Pt=198 Au=199
11	（Au=199）	Hg=200	Tl=204	Pb=207	Bi=208	——	——	
12	——	——	——	Th=231	——	U=240	——	——

表 3.2　メンデレーエフが予言したエカケイ素と実際のゲルマニウムの比較

	エカケイ素（Ekasilicium, Es）	ゲルマニウム（Ge）
原子量	72	72.3
密度（g/cm^3）	5.5	5.469
比熱	0.073	0.076
酸化物	EsO_2，比重：4.7	GeO_2，比重：4.703
塩化物	$EsCl_4$，比重：1.9 沸点：100°C 以下	$GeCl_4$，比重：1.887 沸点：86°C
エチル化合物	$Es(C_2H_5)_4$，沸点：160°C	$Ge(C_2H_5)_4$，沸点：160°C

コラム 3.1 未知の元素を予言したメンデレーエフと サンスクリット語“エカ (eka)”

1869 年, メンデレーエフは元素の化学的・物理的性質の周期性を認め, 初めて周期表を発表した. 彼は, ホウ素の下, 原子量 45 付近にエカホウ素 (“エカ”はサンスクリット語で“1”を意味する), アルミニウムの下, 原子量 70 付近にエカアルミニウム, ケイ素の下, 原子量 72 付近にエカケイ素の存在を予言し, 単体の比重, 融点, その化合物の化学的性質を推定した.

ところでメンデレーエフは未知の元素を予言する際, サンスクリット語で第一を意味する“エカ (eka)”を用いたが, 表 3.3 に示すようにサンスクリット語とロシア語の数詞には驚くべき一致点がある. このことからヨーロッパの言語の祖語とサンスクリット語の祖語が遠い昔に共通の祖語から分かれていったことが窺える. このことに初めて気がつき共通の祖語をもつインド・ヨーロッパ語族の概念を提唱したのは英国のウイリアム ジョーンズ (W. Jones, 1746–1794) であった.

表 3.3 サンスクリット語とロシア語の数詞の比較

数詞	サンスクリット語	ロシア語
1	エカ (eka)	アジン (один)
2	ドゥヴィ (dvi)	ドゥヴァ (два)
3	トゥリ (tri)	トゥリ (три)
4	チャトゥル (catur)	チィトゥィリ (четыре)
5	パンチャ (panca)	ピャーチ (пять)
6	シャシュ (sas)	シャスチ (щесть)

ウイリアム ジョーンズはオックスフォード大学でラテン語やギリシア語などヨーロッパの古典語を含む諸言語を学んだ. 1783 年, カルカッタ (現在名コルカタ) に東インド会社の裁判所の判事として赴任したが, 判事の仕事を行う傍ら, サンスクリット語を学び, ヒンズー教の経典である『マヌ法典』や叙事詩『シャクンタラー』などを英訳した. 彼は翻訳の過程でサンスクリット語とヨーロッパの言語の文法および単語が極めて類似していることを発見し, 1786 年, サンスクリット語がヨーロッパの言語と共通の起源を有する可能性があることを発表した. この発表は同時代の西欧社会に大きな衝撃を与えた.

メンデレーエフが生まれた時代にはインド・ヨーロッパ語族の概念が浸透し, またロシア語の数詞とサンスクリット語の数詞が類似している親近感から未知の元素を予言する際，サンスクリット語で第一を意味する “エカ（eka)” を用いたのであろう．メンデレーエフは周期表と未知元素の予言により 1906 年のノーベル化学賞の受賞候補者にノミネートされたが，惜しくも 1 票の差でフッ素元素の単離に成功したフランスのモアッサン（F.F.H. Moissan, 1852–1907）にノーベル化学賞が与えられた．メンデレーエフが作成した周期表のレプリカはロシアのサンクトペテルブルクに彼の銅像とともに設置されている（図 3.1）．

図 3.1　ロシアのサンクトペテルブルグ，モスコフスキー通りにあるメンデレーエフの周期表と記念碑（著者撮影）

3.1.5　18族元素の発見

1894年，レイリー（J.W.S. Rayleigh, 1842–1919）は空気から酸素を除いて得た窒素に比べ，窒素化合物を分解してつくった窒素は密度が約0.1%低いという実験値の差を発表した．この発表を受けて，ラムゼー（W. Ramsay, 1852–1916）は同年，空気から分離した窒素を赤熱したマグネシウムと反応させて窒化マグネシウムとして取り除くことにより，未知の気体を分離することに成功した．未知の気体は化学的に不活性であることからギリシア語の「働かない」(an-ergon) にちなんでアルゴン（Argon）と名づけられた．ラムゼーはその後，気体の液化装置を用いて空気の分別蒸留を行い，1896年にネオン（Ne），クリプトン（Kr），キセノン（Xe）を相次いで発見した．レイリーとラムゼーの綿密かつ精緻な実験に始まるこれらの元素の発見によって，ハロゲン元素の次に，性質が全く正反対なアルカリ金属元素が並ぶという不自然な周期表の配列も，**貴ガス**（18族）が間に入ることで無理のない移行となった．こうして周期律は経験則としては，18族の発見により19世紀末に確立した．レイリーとラムゼーは貴ガスの発見により1904年にそれぞれノーベル物理学賞，ノーベル化学賞を受賞している．

3.1.6　希土類元素

周期表において，もう一つの困難な問題は希土類元素群の位置付けであった．ランタン（La）からルテチウム（Lu）に至る15元素（ランタノイドともよばれる）とスカンジウム（Sc），イットリウム（Y）を含めた17元素は一般に**希土類元素**とよばれている．希土類元素は化学的性質が極めて類似しているため単離することが困難であり，人工的につくられたプロメチウム（Pm）を除いた希土類元素の発見には，イットリウム（1794年）からルテチウム（1907年）まで114年の歳月を費やしている．当時は，バリウムとタンタルの間に希土類元素がいったい何個存在するのか予想がつかず，誤報を含めると100種類以上の希土類元素が報告された時代があった．この困難な問題の解決には，**モーズリーの法則**の発見（1913年）まで待たなければならなかった．

3.1.7 モーズリーの法則と原子番号

一般に X 線を物質にあてると，物質から二次的に X 線が発生する．この二次的に発生する X 線の中に，物質に固有の波長をもつ X 線（**特性 X 線**）が現れることが 1908 年に見出されていた．1913 年，ブラッグ（W.H. Bragg, 1862–1942）は，数種類の金属から発生する特性 X 線を調べ，これらの元素に固有の特性 X 線の波長がそれぞれの元素の原子量の 2 乗におおよそ反比例していることを見出した．同年，モーズリー（H.G.J. Moseley, 1887–1915）はアルミニウムから金まで 38 種類の元素の特性 X 線を測定し，特性 X 線の波長の逆数（ν）の平方根が原子核の電荷（Z）と直線関係にあることを発見した（図 **3.2**）．

$$\sqrt{\nu} = K(Z - s) \tag{3.1}$$

K と s は X 線の種類による定数．この式を満足させる Z 値と元素の原子番号の間に完全な一致が見られ，**原子番号**（陽子数）の物理的意味が明確にされた．式 (3.1) はモーズリーの法則とよばれるようになった．モーズリーの法則は原子番号の 43 番と 61 番に空白のあることを示し，後にこれは人工元素のテクネチウム（Tc）とプロメチウム（Pm）で埋められることになった．

こうして，メンデレーエフ以来，便宜的に原子量の順番を入れ替えていた部分（Ar と K，Co と Ni，Te と I）も入れ替えの正しいことが証明された．また，特性 X 線の波長を調べて Z を確定することができることから，1913 年の時点で，メンデレーエフの周期表に空白として残されていたのは 43, 61, 72, 75, 85, 87, 91 番の元素のみとなった．また，式 (3.1) で表されるモーズリーの法則の発見により，ランタノイド系列がランタン（La）から始まりルテチウム（Lu）で終わることが確定した．こうして，72 番元素はジルコニウム（Zr）の同族になるという予想にもとづき，1923 年，ジルコン（$ZrSiO_4$）の鉱石から特性 X 線分析によりハフニウム（Hf）が発見され，75 番元素レニウム（Re）も 1925 年に特性 X 線分析により発見された．なお，残りの 43（Tc), 61（Pm), 85（At), 87（Fr), 91（Pa）番元素はすべて放射性元素である．特性 X 線を利用した元素分析（**蛍光 X 線分析**）は，現在，最も優れた元素分析の一つとして活用されている．なお，モーズリーは第一次世界大戦が始まると英国軍の志願兵としてオスマン帝国との戦いに参加し，27 歳で戦死した．早すぎる死がなければノーベル賞の受賞は間違いなかったと言われている．

3.1.8 原子量の基準の変遷

「2 種類の元素 A, B が化合して 2 種以上の化合物をつくるとき，各化合物において A の一定量に対する B の量は簡単な整数比をなす」という**倍数比例の法則**を唱えたドルトン（J. Dalton, 1766–1844）は 1802 年，相対質量として水素の原子量を基準とし，それに 1 という値を与えた．その後，ベルゼリウス（J.J. Berzelius, 1779–1848）は約 3000 種の化合物について，相対質量の精密な測定を行い 1826 年に原子量表を発表したが，酸素が他のほとんどすべての元素と化合する能力を有することから，彼は相対質量の基準として酸素の**原子量**を採用した．こうして，ベルゼリウス以後，化学者は自然界における存在比のもとでの酸素の原子量を 16.0000 として基準にしてきた（**化学的原子量**）．ところが，1906 年にトリウム（Th）で同位体の存在が発見されてから，物理学者は質量数 16 の酸素同位体の同位体質量を 16.0000 として基準とした（**物理的原子量**）．その差は 0.0275%となり，精密な実験では無視できない差であった．化学的原子量と物理的原子量の不一致は，1961 年 IUPAC（国際純正および応用化学連合）の原子量委員会において，質量数 12 の炭素の同位体質量を 12 とする新しい基準を用いることにより解消した．新基準では，酸素の原子量は 15.9994 ± 0.0001 となり，これまでの 16.0000 とほとんど変わらない．

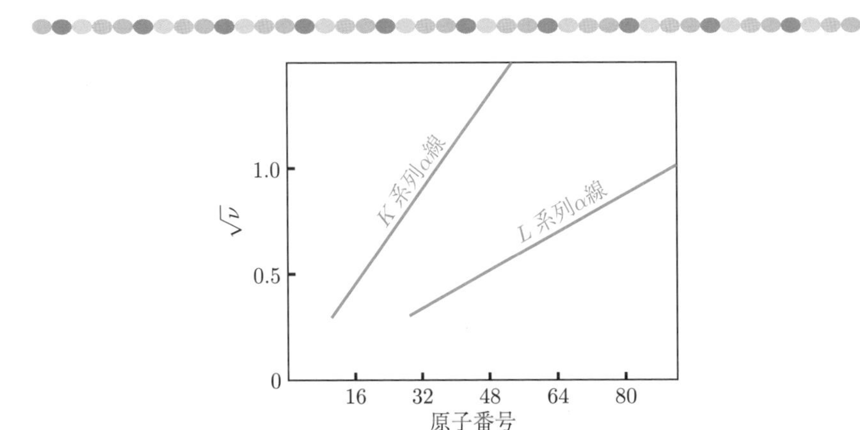

図 3.2 特性 X 線の波長の逆数（ν）の平方根と原子番号との直線関係

3.2 原子模型と電子構造

3.2.1 ラザフォードの原子模型

周期律は経験則としては1900年頃確立したが，法則性成立の理由，原子番号の意味に関しては当時の化学は無力であった．この時代はX線（1895），放射能（1896），電子（1897）の発見など原子物理学の領域で新しい発見が相次いだ．このような発見に基づいて，原子は体積の小さな原子核の周りを電子が回っている構造をもっていることを明らかにしたのはラザフォード（E. Rutherford, 1871–1937）である．1911年，ラザフォードは金箔のような金属の薄膜にラジウムから放射される α 粒子（^{4}He の原子核）を照射すると，大部分の α 粒子は薄膜を通りぬけてしまうが，ごくわずかの α 粒子は著しく散乱されることを見出した．

この α 粒子の散乱実験から，正電荷をもつ部分の直径を 10^{-13}〜10^{-12} cm と見積もり，これを**原子核**（nucleus）とよんだ．この実験をもとに，ラザフォードは陽電荷を帯びた原子核の周りを複数の電子が運動するという惑星型原子模型を提案し，ボーア模型の先駆けとなった．

3.2.2 水素原子の輝線スペクトル

19世紀の中頃にブンゼンとキルヒホッフによって開発された元素の分光分析の手法によって，19世紀後半には放電管を用いて様々な元素の輝線スペクトルのデータが蓄積されていった．水素を封入した放電管に電圧をかけて放電すると，放電管が桃色に光る．これを分光器で調べると，可視領域に数本の輝線スペクトルが観測される（図3.3）．

1885年，スイスのバーゼルにある女子高の数学教師バルマー（J.J. Balmer, 1825–1898）は水素原子の輝線スペクトルの波長が次式のように表されることを発見した．

$$\lambda = \left(\frac{m^2}{m^2 - 2^2}\right)\lambda_0, \quad \lambda_0 = 364.56\,\mathrm{nm} \tag{3.2}$$

ここで，$m = 3, 4, 5, 6$ を代入した波長はそれぞれ輝線スペクトル H_α, H_β, H_γ, H_δ の波長に対応している．可視領域に現れる輝線スペクトルは，その規則性の発見者の名前をとって**バルマー系列**とよばれている．

1890 年，リュードベリ（J. Rydberg, 1854–1919）は波長の代わりに波長の逆数（波数）に変えると，次式で示すように，より明確な規則性が現れることを見出した．

$$\frac{1}{\lambda} = R\left(\frac{1}{n_1^2} - \frac{1}{n_2^2}\right) \quad (n_1, n_2 \text{ は整数，} n_1 \geqq 1,\ n_2 \geqq n_1 + 1) \tag{3.3}$$

ここで，R はその規則性の発見者の名前をとって**リュードベリ**（Rydberg）**定数**とよばれ，$R = 1.097 \times 10^7\,\mathrm{m}^{-1}$ である．$n_1 = 1$ は**ライマン**（Lyman）**系列**，$n_1 = 2$ は**バルマー**（Balmer）**系列**，$n_1 = 3$ は**パッシェン**（Paschen）**系列**，$n_1 = 4$ は**ブラケット**（Brackett）**系列**とよばれ，それぞれ波長の短い紫外領域，可視領域，波長の長い赤外領域，赤外領域に現れる．

3.2.3　水素原子のボーア模型

ラザフォードによる原子模型をもとに，原子核の周りを運動している電子の軌道角運動量が量子化されたとびとびの値をとると仮定して水素原子の輝線スペクトルの起源を解明したのは，ラザフォードのもとで研究していたボーア（N.H.D. Bohr, 1885–1960）であった．

いま，質量 m の電子が荷電 $+Ze$ の原子核を中心とする半径 r の軌道を速度 v で回転している状態が定常状態であるためには，電子と原子核に働くクーロン引力と電子の回転運動による遠心力が，次式のようにつり合っていなければならない．

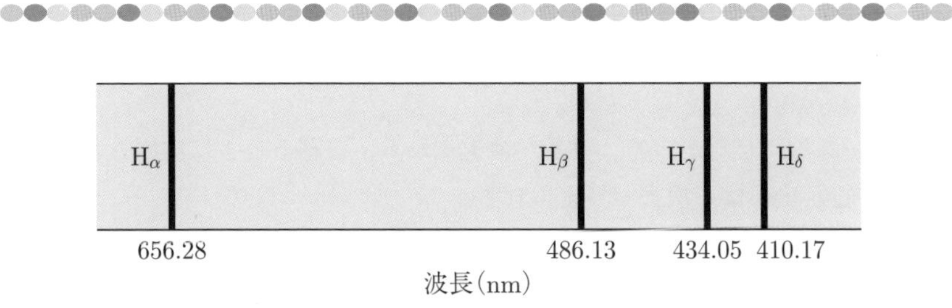

図 3.3　可視領域に現れる水素原子の輝線スペクトル

$$\frac{mv^2}{r} = \frac{Ze^2}{4\pi\varepsilon_0 r^2} \tag{3.4}$$

ここで，ε_0 は真空中の誘電率である．式 (3.4) を変形すると，

$$r = \frac{Ze^2}{4\pi\varepsilon_0 mv^2} \tag{3.5}$$

となる．この式は，電子の速度が変わることによって軌道半径が連続的にすべての値を取りうることを意味しており，原子の大きさが不確定である．そこで，ボーアは電子の周回運動による軌道角運動量 mvr $(= mv^2 \frac{r}{v})$ の値がエネルギー量子の単位である h（プランク定数）を 2π で割った定数の整数倍の値のみ許されるものと仮定し，次式を得た．

$$mvr = n\frac{h}{2\pi} \tag{3.6}$$

これがボーアの導入した電子の軌道角運動量の量子条件であり，整数 n は**主量子数**とよばれている．n が与えられると，電子の軌道半径および軌道のエネルギーは次式で表される．

$$r_n = n^2\frac{h^2\varepsilon_0}{\pi mZe^2} \tag{3.7}$$

$$E_n = -\frac{mZ^2e^4}{8\varepsilon_0^2h^2n^2} \tag{3.8}$$

もし，電子が軌道 i から j に移ると，エネルギーの変化 $\varDelta E$ は

$$\varDelta E = \frac{mZ^2e^4}{8\varepsilon_0^2h^2}\left(\frac{1}{n_i^2} - \frac{1}{n_j^2}\right) \tag{3.9}$$

となる．光のエネルギーと振動数 ν および波長 λ との間には

$$E = h\nu = \frac{hc}{\lambda} \tag{3.10}$$

の関係がある．したがって，電子が軌道 i から j に移るときに放出される光の波長の逆数（$\bar{\nu}$）は，次式で与えられる．

$$\begin{aligned}\bar{\nu} = \frac{1}{\lambda} &= \frac{mZ^2e^4}{8\varepsilon_0^2h^3c}\left(\frac{1}{n_i^2} - \frac{1}{n_j^2}\right)\\ &= R\left(\frac{1}{n_i^2} - \frac{1}{n_j^2}\right)\end{aligned} \tag{3.11}$$

したがってリュードベリ定数（R）は次式で表される．

$$R = \frac{mZ^2e^4}{8\varepsilon_0^2h^3c} \tag{3.12}$$

このようにして，**ボーアの原子模型**によって $n_j = 1$, $n_i = 2, 3, 4, \ldots$ の場合は紫外領域のライマン系列，$n_j = 2$, $n_i = 3, 4, 5, \ldots$ の場合は可視領域のバルマー系列，$n_j = 3$, $n_i = 4, 5, 6, \ldots$ の場合は赤外領域のパッシェン系列が見事に再現されたのである．

3.2.4　多電子原子の電子軌道と電子配置

前節で学んだように，ボーアの原子模型は核外電子が1個の模型であった．このような条件のもとでは，電子軌道のエネルギーは主量子数 n で決まり，同じ n の軌道はすべて同じエネルギーをもっている．例えば，3s, 3p, 3d の波動関数は動径部分，角度部分とも全く異なっているが，それらのエネルギーは等しい．

しかし，電子が複数個ある多電子原子では，他の電子による原子核の陽電荷の遮蔽と電子間のクーロン相互作用のため，主量子数が同じ軌道であっても**方位量子数**が異なれば，軌道のエネルギーも異なってくる．主量子数 n が等しい軌道の集合が電子殻であり，$n = 1, 2, 3, \ldots$ に対応してK殻，L殻，M殻，$\cdots$ とよんでいる．さらに方位量子数 l の違いにより副殻に分けられる．電子の状態を決める因子として4種類の量子数があり，4種類の量子数をそれぞれ，主量子数，方位量子数，**磁気量子数**，**スピン量子数**という．これらの量子数の定義およびその数値をそれぞれ**表3.4**および**表3.5**に，原子の電子殻と収容される原子数の概略図を**図3.4**に示す．

電子が複数個ある多電子原子において，軌道に電子を配置する場合，次の三つの規則に従って電子が収容されていく．

(1)　**構成原理**：エネルギーの低い軌道から順に電子が収容される．

(2)　**パウリの排他律**：同じ軌道に電子は2個までしか収容できない．2個収容される場合，その電子スピンは互いに反平行にある．

(3)　**フントの規則**：エネルギーの等しい軌道があるときは，スピンを平行にして収容される．

図3.5は，電子が複数個ある多電子原子において電子が収容されていく順番を図示したものである．

表 3.4 電子の状態を決める4種類の量子数

電子の量子数	定義
主量子数	電子殻を決める量子数
方位量子数	電子殻の副殻を決める量子数であり，多電子をもつ原子では，主量子数が同じでも方位量子数の値が異なると，エネルギーが異なる．
磁気量子数	軌道の広がりの向きを決める量子数
スピン量子数	電子スピン（自転）の向きを表す量子数であり，スピン量子数 $+\frac{1}{2}$ をもつ電子を“上向きスピン”といい，スピン量子数 $-\frac{1}{2}$ をもつ電子を“下向きスピン”という．

表 3.5 電子の状態を決める電子殻，副殻と量子数

主量子数（n）（電子殻）	方位量子数（l）	磁気量子数（m）	軌道名	軌道数	収容できる電子数
1（K殻）	0	0	1s	1	2
2（L殻）	0	0	2s	1	2
	1	0, ±1	2p	3	6
3（M殻）	0	0	3s	1	2
	1	0, ±1	3p	3	6
	2	0, ±1, ±2	3d	5	10
4（N殻）	0	0	4s	1	2
	1	0, ±1	4p	3	6
	2	0, ±1, ±2	4d	5	10
	3	0, ±1, ±2, ±3	4f	7	14

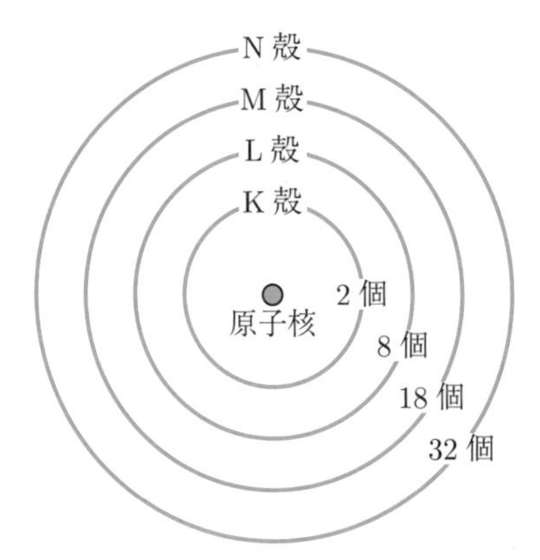

図 3.4　原子の電子殻と収容される電子数

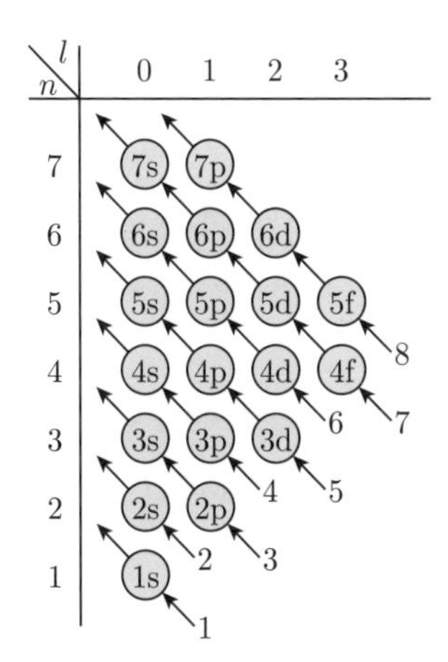

図 3.5　多電子原子において電子が収容されていく順番

3.2.5　元素の分類

元素の周期には，8番目ごとの短周期と18番目ごとの長周期がある．前者は最外殻のs, p軌道に電子が充填され，最高8個の電子が収容されることに基づいている．一方，長周期はs, p, d軌道が合計9個あり，これに最高18個の電子が収容されることに基づいている．元素の化学的性質は，内殻の電子にはほとんど影響されない．ある元素を考えたとき，その元素より原子番号が小さい最近接の貴ガスの電子配置を除いた残りの電子を**原子価電子**または**価電子**という．この原子価電子の性質がその元素の化学的性質を決定する．元素は大きく分けて**主要族元素**と**遷移元素**に分類される．

■主要族元素

周期表の1, 2, 13～18族の元素を指す．これら以外は遷移元素という．主要族元素は原子価電子としてd電子やf電子をもたず，sおよびp軌道が順次満たされていく元素である．

■遷移元素

周期表の3～12族の元素を指す．原子番号が増すに従ってd軌道またはf軌道に電子が満たされていく元素である．

(1)　ランタノイド

4f電子が順次満たされていく元素の総称で，原子番号57のランタン（La）から71のルテチウム（Lu）までの15元素を指す．

(2)　希土類元素

LaからLuに至る15元素とスカンジウム（Sc）およびイットリウム（Y）を含む17元素を指す．ScとYは4f軌道に電子をもたないが，その化学的性質がランタノイドに類似していることからこれらの元素を含めて希土類元素と総称している．

(3)　アクチノイド

5f電子が順次満たされていく元素の総称で，原子番号89のアクチニウム（Ac）から103のローレンシウム（Lr）までの15元素を指す．アクチノイドはすべて放射性元素である．

演 習 問 題

3.1 モーズリーの法則と，その法則が周期律の確立に与えた影響について述べよ．

第4章

化学結合と分子の構造

水素原子や酸素原子はそれぞれ2原子分子を形成して安定化する．米国のルイスは，量子力学が誕生するより前に「化学結合は2個の原子が価電子の対を共有することであり，安定な化合物ではすべての原子が貴ガスの電子配置をとる」という規則を提案した．この規則は，水素原子は2個の価電子をもつデュエット則，第2周期の原子は8個の価電子をもつオクテット則として成立している．本章の前半では，分子の化学結合について，分子軌道の視点に立って，ルイスのデュエット則およびオクテット則について理解を深め，後半では，有機化合物の構造と異性体について学ぶ．異性体の項目では，光に応答する網膜の膜タンパクであるロドプシンに取り込まれたレチナールの光異性化と視神経への情報伝達について学ぶ．

4.1 電子の波動性とオービタル

光は電磁波であるとともに，粒子としての性質を併せ持つ．実際，1922年にコンプトン（A.H. Compton）は電子によるX線の散乱の実験から，波長λのX線が$\frac{h}{\lambda}$の運動量をもつ粒子のように振舞うことを実証した（**コンプトン効果**）．1924年には，ド・ブロイ（L. de Broglie）が運動量と波長を結びつける関係式が物質に普遍的なものと考え，「運動量pをもつ粒子には波長$\lambda = \frac{h}{p}$の波動性が伴う」という**物質波**の仮説を提案した．この仮説は1928年，電子線による回折現象が観測され，ド・ブロイが提唱した物質波の存在が正しいことが証明された．1926年，シュレディンガー（E.R.J.A. Schrödinger）はド・ブロイの提唱した物質波の仮説を電子の軌道運動の定在波に適用することにより，電子の軌道とそのエネルギーを定在波の関数（**波動関数**）として導くことに成功した．シュレディンガーが導いた式は**シュレディンガー方程式**とよばれ，電子を波動としてとらえる新しい**波動力学**（**量子力学**）の発展の幕開けとなった．

電子の軌道運動を表す波動関数を$\psi(r)$とすると，電子を見つける確率は，その位置での波動関数の2乗（$\psi(r)^2$）に等しいとみなされる．電子の存在確率の考え方は，電子が電子雲として核の周りに広がるように振舞うことを意味している．図4.1は，K殻およびL殻の軌道の波動関数と軌道の中で電子を見出す確率が実空間で変化する様子を点密度（ドット密度）の分布で表したものである．ドット密度が大きいところでは，電子を見出す確率も大きい．原子中の電子の波動関数は**オービタル**（orbital）とよばれる．振幅がゼロのところでは，電子を見つける確率はゼロである．電子の波動の振幅がゼロである点は**節**（node）とよばれる．量子数nが大きいほど，電子の波動は多くの節をもち，電子はより高いエネルギーをもつ．一般に，電子の波が多くの節をもつほど，その波動のエネルギーが高い．図4.1に示すように$n = 1$（K殻）の場合，節はない．$n = 2$（L殻）の場合，節の数は1個あり，2s軌道の場合は球面の節をもち，2p軌道の場合は平面の節をもつ．このように主量子数が増えるに従って，節の数は1個ずつ増えていく．図4.2はs軌道およびp軌道の電子雲の形状を示したものである．

4.2 共有結合とルイス構造

4.2.1 電子雲の重なりによる分子の形成とルイス構造

現在，広く使われている分子の構造式はルイス（G.N. Lewis）の考案によるものであり，**ルイス構造**とよばれている．ルイス構造では，結合を表す線（**価標**の 1 本）は 1 対の価電子（：）を表す．ルイスは 1916 年，量子力学が誕生するより前に「化学結合は 2 個の原子が価電子の対を共有することであり，安定な化合物ではすべての原子が貴ガスの電子配置をとる」という考えを提案した．

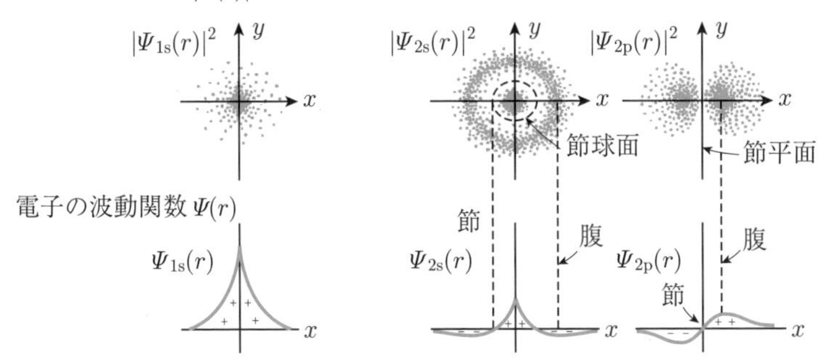

図 4.1　**K** 殻および **L** 殻の軌道の波動関数と軌道の中で電子を見出す確率分布（ドット密度分布）．

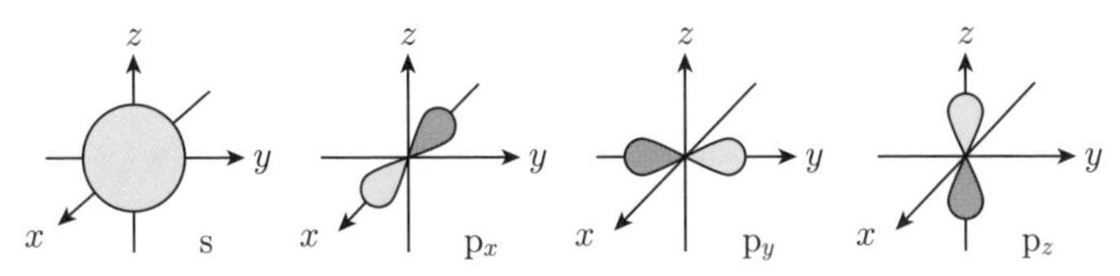

図 4.2　**s** 軌道および **p** 軌道の電子雲の形状．青色と灰色の領域は，波動関数の符号がそれぞれ正および負を表している．

これは，安定な化合物中では，水素原子は2個の価電子をもち（**デュエット則**），第2周期の原子は8個の価電子をもつ（**オクテット則**）という規則である．この規則は，第2周期までの安定な化合物についてほとんど例外なく成立している．

ここでは，はじめに二つの水素原子が結合して水素分子を形成する仕組みを電子雲の重なりとルイス構造の両面で見てみよう．図 4.3 は二つの水素原子（A, B）の 1s 軌道の波動関数の重なりを表したものである．水素原子 A, B の 1s 軌道の波動関数が同じ符号で重なると，二つの水素原子の間に大きな電子密度分布が生じ，この電子密度が二つの水素原子の原子核（陽子）を引きつけることで水素分子が形成される．二つの水素原子にまたがる電子雲の波動関数は**結合性分子軌道**（Ψ_+）とよばれ，そのエネルギーは水素原子の 1s 軌道のエネルギーよりも低くなり，結合性分子軌道に2個の電子が収容されることになる．この結合はルイス構造の H：H に対応しており，一対の電子を2原子が共有することによって結合が生じることからこの結合を**共有結合**とよんでいる．一方，水素原子 A, B の 1s 軌道の波動関数が逆符号で重なると，二つの水素原子間の中点で電子密度が0となり，二つの水素原子核は反発する．この分子軌道は**反結合性分子軌道**とよばれ，そのエネルギーは水素原子の 1s 軌道のエネルギーよりも高くなる．もし2個のヘリウム原子が接近して分子軌道を形成したとすると，結合性軌道と反結合性軌道にそれぞれ2個の電子が収容されることになり，分子の形成によるエネルギーの利得は生じない．He_2 分子が形成されないのはこのためである．

4.2.2 フッ素分子の共有結合とルイス構造

次に二つのフッ素原子が結合してフッ素分子を形成する仕組みを電子雲の重なりとルイス構造の両面で見てみよう．フッ素の電子配置は $1s^22s^22p^5$ であり，図 4.4 のように表すことができる．

いま，$2p_y$ 軌道の電子が1個収容されている場合を考え，y 軸上にある2個のフッ素原子が近づいてくるとすると，$2p_y$ 軌道にある電子を互いに共有することによりフッ素原子は8個の価電子をもつことになり，オクテット則が成立する．これをルイス構造で表すと図 4.5 のようになり，簡略的に F–F と表すことができる．

次に2個のフッ素原子からフッ素分子が形成される仕組みを電子の波動関数

から眺めてみよう．図 4.6 は 2 個のフッ素原子の $2p_y$ 軌道の波動関数の重なりを表したものである．2 個のフッ素原子の $2p_y$ 軌道の波動関数が同じ符号で向き合って重なると，2 個のフッ素原子の間に大きな電子密度分布が生じ，この電子密度が 2 個のフッ素原子の原子核を引きつけることになり，フッ素分子が形成される．2 個のフッ素原子にまたがる電子雲の波動関数は結合性分子軌道（σ）

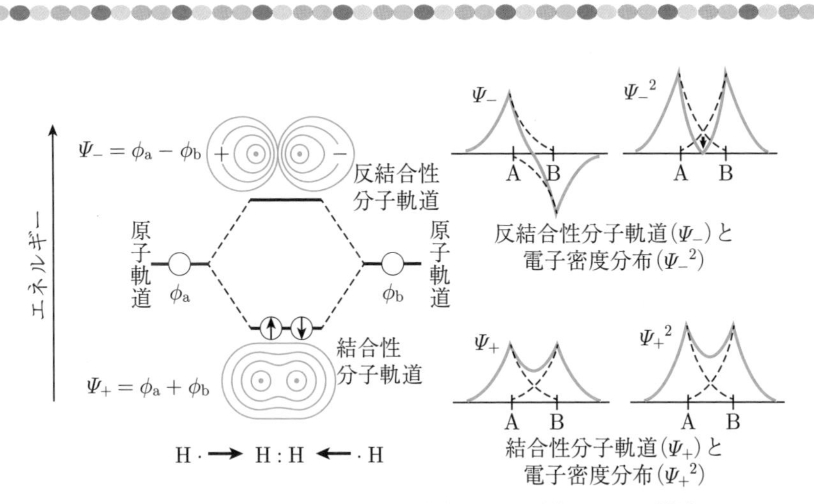

図 4.3　電子雲の重なりによる水素分子の形成とルイス構造

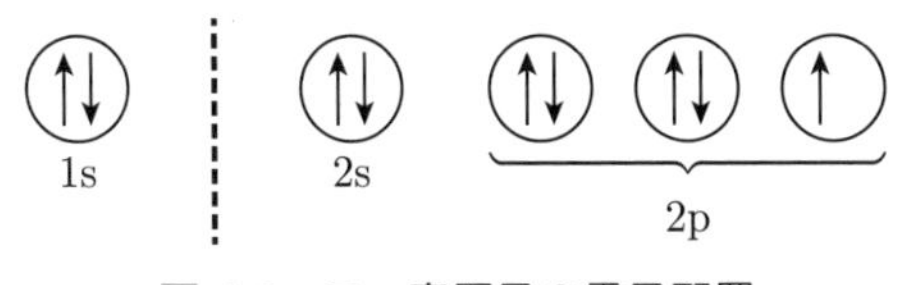

図 4.4　フッ素原子の電子配置

:F· → :F:F: ← ·F:

図 4.5　2 個のフッ素原子からフッ素分子が形成される過程のルイス構造

とよばれ，そのエネルギーはフッ素原子の $2p_y$ 軌道のエネルギーよりも低くなり，結合性分子軌道に2個の電子が収容されることになる．この結合はルイス構造のF：Fに対応しており，一対の電子を2原子が共有することによって結合が生じる．一方，フッ素原子の $2p_y$ 軌道の波動関数が逆符号で向き合って重なると，2個のフッ素原子間の中点で電子密度が0となり，2個のフッ素原子核は反発する．この分子軌道は反結合性分子軌道（σ^*）とよばれ，そのエネルギーはフッ素原子の $2p_y$ 軌道のエネルギーよりも高くなる．なお，分子軌道の記号 σ は，分子軸の周りの回転に対して対称（符号や形状が変化しない）であることを表している．

4.2.3 窒素分子の共有結合とルイス構造

次に二つの窒素原子が結合して窒素分子を形成する仕組みを電子雲の重なりとルイス構造の両面で見てみよう．窒素原子の電子配置は $1s^2 2s^2 2p^3$ であり，フント則に従って3個の2p軌道にはそれぞれ1個の電子が自転の向き（スピン）を平行にして収容される．これを図 **4.7** のように表すことができる．

図 **4.7** のような電子配置をもつ2個の窒素原子が近づいてくると，$2p_x$, $2p_y$, $2p_z$ 軌道にある電子を互いに共有することにより窒素原子は8個の価電子をもつことになり，オクテット則が成立する．これをルイス構造で表すと図 **4.8** のようになり，3組の共有結合を形成する．これを簡略的に N≡N と表すことができる．

次に2個の窒素原子から窒素分子が形成される仕組みを電子の波動関数から眺めてみよう．分子軸を y 軸とすると，2個の窒素原子の $2p_y$ 軌道の波動関数が同じ符号で向き合って重なると，2個の窒素原子の間に大きな電子密度分布が生じ，この電子密度が2個の窒素原子の原子核を引きつけることになり，結合性分子軌道（σ）が形成される．そのエネルギーは窒素原子の $2p_y$ 軌道のエネルギーよりも低くなり，結合性分子軌道に2個の電子が収容されることになる．一方，窒素原子の $2p_z$ 軌道が同じ符号で向き合って重なると2個の窒素原子間に電子密度分布が生じ，この電子密度が2個の窒素原子の原子核を引きつけることになり，結合性分子軌道（π）が形成される．そのエネルギーは窒素原子の $2p_z$ 軌道のエネルギーよりも低くなり，結合性分子軌道に2個の電子が収容されることになる．窒素原子の $2p_z$ 軌道が同じ符号で向き合って結合性分子軌道を形成する仕組みを図 4.9 に示す．なお，分子軌道の記号 π は，分子軸の周りの 180° 回転に対して符号が逆転することを表している．分子軸の周りの 180° 回転に対して符号が逆転する分子軌道は $2p_x$ 軌道どうしでも形成される．

このようにして，窒素分子は三つの結合性分子軌道（**σ 軌道**および二つの **π 軌道**）に電子が対をつくって収容され，極めて安定な分子となる．窒素の価電子によって形成される分子軌道とそのエネルギー，電子配置を図 4.10 に示す．

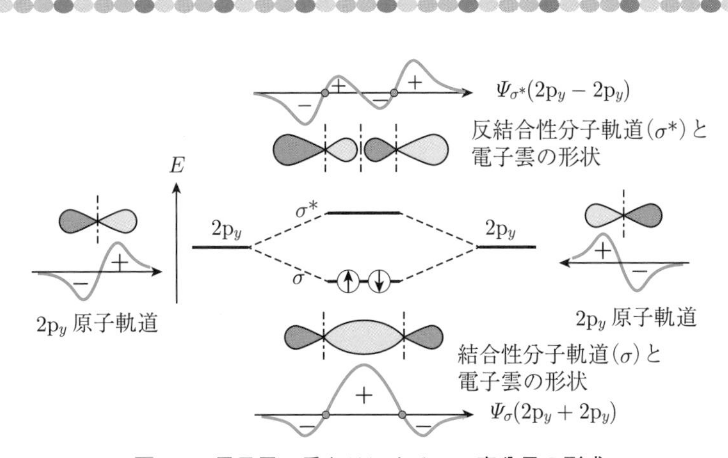

図 4.6　電子雲の重なりによるフッ素分子の形成

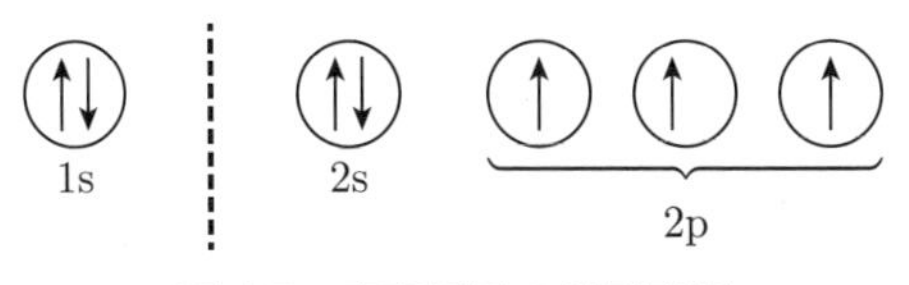

図 4.7　窒素原子の電子配置

$$:\dot{\underset{\cdot}{N}}\cdot \rightarrow :N:::N: \leftarrow \cdot\dot{\underset{\cdot}{N}}:$$

図 4.8　2 個の窒素原子から窒素分子が形成される過程のルイス構造

したがって，窒素分子の三重結合はすべて等価な結合ではなく，一つの強い σ 軌道と二つの弱い π 結合で結ばれている．それでは窒素分子のルイス構造において，孤立電子対はどのように考えればよいのであろうか．図 4.10 の 2s 軌道で形成される結合性分子軌道と反結合性分子軌道には電子対が収容されており，分子の結合には寄与していない．すなわち，窒素原子の 2s 軌道にある 2 個の電子は結合性分子軌道と反結合性分子軌道に振り分けられ，**非共有電子対**として振舞っている．

酸素分子の場合は，二つの反結合性分子軌道（π^*）に電子が 1 個ずつ収容されるため，三重結合のうち，一つの π 結合が相殺され結果として二重結合となる．

4.3 配位結合

アンモニア分子（NH_3）中の窒素原子の電子配置は $1s^22s^22p^3$ であり，3 個の不対電子は水素原子の 1s 軌道の不対電子とそれぞれ共有結合を形成している．窒素原子には 1 対の非共有電子対があり，NH_3 はそれ自体ですでにオクテット則を満たしている．これに水素イオン（H^+）を反応させると，NH_3 の N 原子にある非共有電子対を H^+ と共有することによりアンモニウムイオン（$NH_4{}^+$）を生じる（図 4.11）．こうしてできた N–H 結合は，他の三つの N–H 結合と等価な共有結合になるが，共有された電子対を一方の原子のみが供給する場合，生じた共有結合を特に**配位結合**（coordinate bond）とよび，矢印 → で表現することもある．

金属イオンは H^+ と同様に，非共有電子対を共有するための空軌道をもつため，非共有電子対をもつ：CO，：CN^-，：NH_3 などと配位結合を形成する．こうして生じた化合物が**金属錯体**である．金属イオンに配位結合している原子または分子を**配位子**（ligand）とよぶ．

4.3.1 配位結合と酸・塩基の定義

酸と塩基の考え方は時代とともに拡張されてきた．酸・塩基の概念を初めて定義したのはスウェーデンのアレニウス（S.A. Arrhenius）であった．彼は 1884 年，水溶液の電解質は電離しているとし，酸と塩基を下記のように定義した．

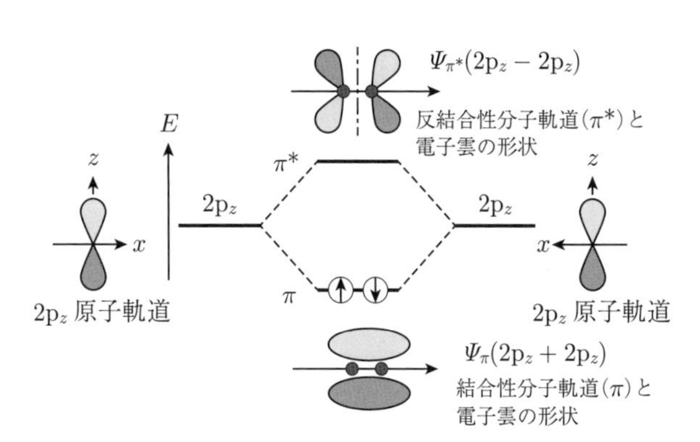

図 4.9 窒素原子の $\mathbf{2p_z}$ 軌道による結合性分子軌道（π）と反結合性分子軌道（π^*）の形成

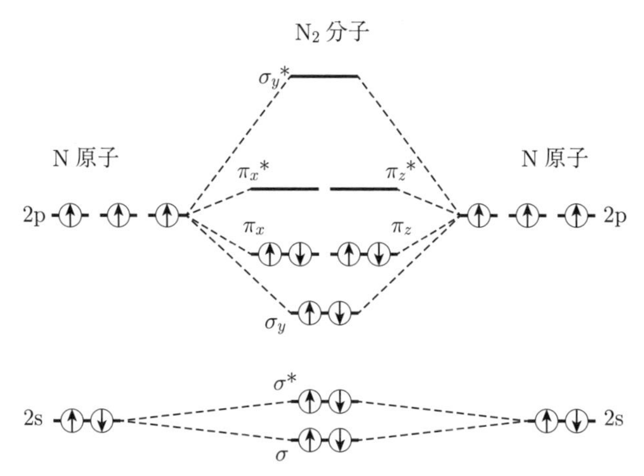

図 4.10 窒素原子の **2s** および **2p** 軌道による結合性分子軌道と反結合性分子軌道の形成

$$H^+ \rightarrow :NH_3 \longrightarrow NH_4^+$$

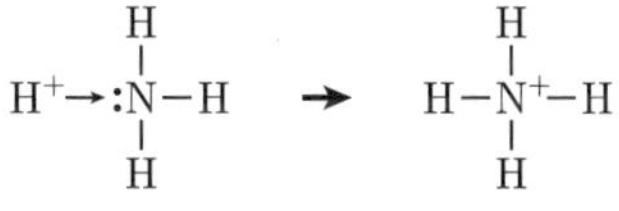

図 4.11 配位結合から眺めたアンモニウムイオン（$\mathbf{NH_4{}^+}$）の形成

- 酸は, 水溶液中で電離して水素イオン H^+ (厳密にはオキソニウムイオン H_3O^+) を生じる物質
- 塩基は, 水溶液中で電離して水酸化物イオン OH^- を生じる物質

水は一部電離しており, $H_2O \rightleftharpoons H^+ + OH^-$ の平衡状態にある. H^+ および OH^- の濃度をそれぞれ $[H^+]$ および $[OH^-]$ で表し, $[H^+][OH^-]$ を**水のイオン積**とよぶ. $[H^+][OH^-]$ は, 25°C では 1.0×10^{-14} M であり, 希釈された酸や塩基でも一定である. 水溶液が酸性であるか塩基性であるかの指標は, 水素イオン濃度の対数で表される. ここで pH の p は, 冪(べき)の英語名 (power) の略号を表している.

$$\mathrm{pH} = -\log[H^+] \tag{4.1}$$

アレニウスの酸・塩基の定義は水溶液で有効であったが, 水以外の溶媒でも酸や塩基としてふるまう物質も多く存在し, 不都合な点があった. 1923年, デンマークのブレンステッド (J.N. Brønsted) と英国のローリー (T.M. Lowry) はそれぞれ独自に, アレニウスの酸・塩基を拡張した酸・塩基を次のように定義した.

- 酸は, プロトン H^+ を相手の物質に供与する物質
- 塩基は, 相手の物質からプロトン H^+ を受容する物質

同年の1923年, 米国のルイス (G. Lewis) は酸・塩基の概念をさらに拡張して, 下記の定義を提案した.

- 酸は, 共有結合を形成するために, 他の物質から電子対を受容するもの
- 塩基は, 共有結合を形成するために, 他の物質に電子対を与えるもの

ルイスの酸・塩基の定義に従うと, $BF_3 + :NH_3 \rightarrow F_3B:NH_3$ の反応では, BF_3 がルイス酸, NH_3 がルイス塩基としてふるまうことになる.

またルイスの酸・塩基の定義に従えば, 金属イオンと配位子との配位結合による金属錯体の形成を酸・塩基の結合とみなすことができる. 例えば, $[Cu(H_2O)_6]^{2+}$ では, Cu^{2+} がルイス酸であり, 非共有電子対をもった H_2O がルイス塩基としてふるまい, $[Cu(H_2O)_6]^{2+}$ が塩となる. ルイス酸とルイス塩基の結合には, 共有結合とイオン結合の両方が寄与する. これまで酸・塩基の強さは溶液中にお

ける水素イオンの放出しやすさ，または水素イオンとの結合のしやすさで決められてきた．しかしルイスの定義では，水素イオンは多数ある酸の中の一つにすぎない．ルイスの酸・塩基の考え方は有機化合物にも当てはまる．正電荷または部分的に正電荷を帯びた原子をもつ有機化合物はルイス酸として働き，標的となる分子の電子密度が豊富な領域と反応するため，**求電子剤**とよばれる．一方，不飽和結合をもつ分子や非共有電子対をもつ分子は電子密度が豊富なため，ルイス塩基として働き，ルイス酸の正電荷または部分的に正電荷を帯びた部分を標的として反応するため，**求核剤**とよばれる．このように，ルイスの酸・塩基の考え方は有機化学反応を理解するうえで重要である．

4.4 有機化合物の構造と名称

有機化合物の中心骨格をなす炭素原子は，同じ原子どうしがいくらでも結合できるという他の原子にはない特徴をもっており，この特徴が膨大な数の有機化合物を生み出している．有機化合物の名前のつけ方は，分子中の炭素の数を基本にしており，また命名の仕方には国際純正及び応用化学連合（International Union of Pure and Applied Chemistry: **IUPAC**）で定められた規則がある．現在では，どのような有機化合物でも，構造式を入力するとIUPACの規則に従った有機化合物名（英語表記）に変換するソフトが開発されている．ここでは，有機化合物の命名法の基礎について述べる．

4.4.1 炭化水素

炭化水素（hydrocarbon）は炭素原子と水素原子で構成された有機化合物であり，炭素原子が単結合だけで連結している炭化水素には語尾に（-ane）をつけ，**アルカン**（alkane）とよぶ．また，炭素原子間に二重結合が存在する炭化水素には語尾に（-ene）をつけ，**アルケン**（alkene）とよび，三重結合が存在する炭化水素には語尾に（-yne）をつけ，**アルキン**（alkyne）とよぶ．また，これらの炭化水素において，炭素原子が鎖状に結合しているものを**非環式炭化水素**とよび，炭素原子が環状に結合している炭化水素を**環式炭化水素**とよぶ．表4.1に代表的なアルカン，アルケンおよびアルキンを示す．

4.4.2 官能基

官能基とは，有機化合物内にある1個あるいは複数の原子が特定の仕方で結合した原子団であり，有機化合物特有の性質や反応を特徴づけている．表4.2に代表的な官能基とその例を示す．また，官能基と結合している炭素原子には水素原子や炭化水素が結合しているが，結合している炭化水素の数に対応して名称が異なる．その代表的な例を図4.12に示す．

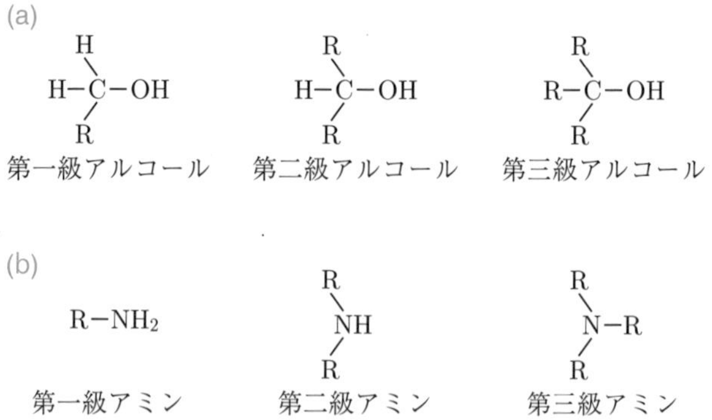

(a)

```
    H              R              R
     \              \              \
  H—C—OH        H—C—OH        R—C—OH
     /              /              /
    R              R              R
```

第一級アルコール　第二級アルコール　第三級アルコール

(b)

```
                  R              R
                   \              \
  R—NH2            NH             N—R
                   /              /
                  R              R
```

第一級アミン　第二級アミン　第三級アミン

図4.12 (a) 第一級（primary）アルコール，第二級（secondary）アルコールおよび第三級（tertiary）アルコールの構造式．**R** は $\mathbf{C_nH_{2n+1}}$，$\mathbf{C_6H_5}$ などを表す．(b) 第一級アミン，第二級アミンおよび第三級アミンの構造式．

表 4.1　炭化水素の名称

炭素原子数	アルカン (C_nH_{2n+2})	アルカン置換基 (C_nH_{2n+1})	アルケン (C_nH_{2n})	アルキン (C_nH_{2n-2})
1	メタン (methane)	メチル (methyl)	——	——
2	エタン (ethane)	エチル (ethyl)	エテン (ethene)	エチン (ethyne)
3	プロパン (propane)	プロピル (propyl)	プロペン (propene)	プロピン (propyne)
4	ブタン (butane)	ブチル (butyl)	ブテン (butene)	ブチン (butyne)
5	ペンタン (pentane)	ペンチル (pentyl)	ペンテン (pentene)	ペンチン (pentyne)
6	ヘキサン (hexane)	ヘキシル (hexyl)	ヘキセン (hexene)	ヘキシン (hexyne)
7	ヘプタン (heptane)	ヘプチル (heptyl)	ヘプテン (heptene)	ヘプチン (heptyne)
8	オクタン (octane)	オクチル (octyl)	オクテン (octene)	オクチン (octyne)
9	ノナン (nonane)	ノニル (nonyl)	ノネン (nonene)	ノニン (nonyne)
10	デカン (decane)	デシル (decyl)	デセン (decene)	デシン (decyne)

表 4.2　代表的な官能基とその名称

官能基	官能基の名称	一般式	化合物の例
–OH	ヒドロキシ基	R–OH	CH_3OH（メタノール）
–CHO	アルデヒド基	R–CHO	CH_3CHO（アセトアルデヒド）
–COOH	カルボキシ基	R–COOH	CH_3COOH（酢酸）
$–NH_2$	アミノ基	$R–NH_2$	$C_6H_5–NH_2$（アニリン）
$–NO_2$	ニトロ基	$R–NO_2$	$C_6H_5–NO_2$（ニトロベンゼン）
$–SO_3H$	スルホ基	$R–SO_3H$	CH_3SO_3H（メタンスルホン酸）

4.5 分子の異性体

分子を構成する原子の種類と数が同じであっても，その分子式が同一でありながら，構造が異なる分子が存在することがある．そのような分子は互いに**異性体**であるという．異性体には様々な種類があるが大きく**構造異性体**と**立体異性体**に分類される．構造異性体の代表的な例として，炭素骨格が異なる**骨格異性体**，置換基や官能基の位置が異なる**位置異性体**，そして原子の配列が異なるため官能基の種類が異なる**官能基異性体**がある．立体異性体は，分子式は同一であるが分子の立体構造が異なるものであり，結合軸の回転によって生じる**配座異性体**，有機化合物の二重結合の炭素原子に結合している置換基の幾何構造が異なる場合や金属イオンに結合する配位子の幾何構造が異なる場合の**幾何異性体**，互いに鏡像関係にある分子の**鏡像異性体**などがある．以下に代表的な異性体の概要を見てみよう．

4.5.1 構造異性体

■骨格異性体

有機化合物では，炭素原子が互いに結合することによって骨格が形成されるが，その骨格構造が異なる構造異性体を**骨格異性体**という．代表的な例として化学式 C_4H_{10} の *n*-ブタンとイソブタン（2-メチルプロパン）がある．その構造式を図 4.13 に示す．ここで *n*-はノルマル（normal）の接頭語で直鎖構造を意味し，イソ（*iso*-）はギリシア語の isos（同じ）に由来し，枝分かれした異性体に用いられる接頭語である．

枝分かれしている炭素鎖をもつ炭化水素では，下記の規則に従って名称をつける．ここで，炭素原子に結合している水素原子と置き換わった他の原子や原子団を**置換基**（substituent）とよぶ．

(1) 最も長い炭素鎖が主鎖となり，主鎖の名称が基本となる．また，一つの置換基をもつ炭化水素では，置換基が結合している炭素原子の番号が最も小さくなるように主鎖に番号をつける．

(2) 主鎖に結合している置換基に名称と番号をつける．その番号は，置換基が結合している主鎖中の炭素原子の番号である．その番号と置換基はハイフンをつけ，その後に主鎖の名称をつける．

(3)　複数の同じ置換基がある場合は，その数の接頭語，ジ（di-），トリ（tri-），テトラ（tetra-）などで表し，置換基が結合している主鎖の炭素原子番号にコンマを入れて表す．

例として 2,3-ジメチルヘキサンの分子構造と主鎖であるヘキサンの炭素原子の番号を図 4.14 に示す．

1935 年，ハンガリーの数学者ポリア（G. Pólya）は，炭化水素の骨格異性体の数え上げを系統的に行うため，グラフ理論や組み合わせ理論に発展する方法論を確立した．$n = 4 \sim 11$ のアルカンの骨格異性体の数を表 4.3 に示す．

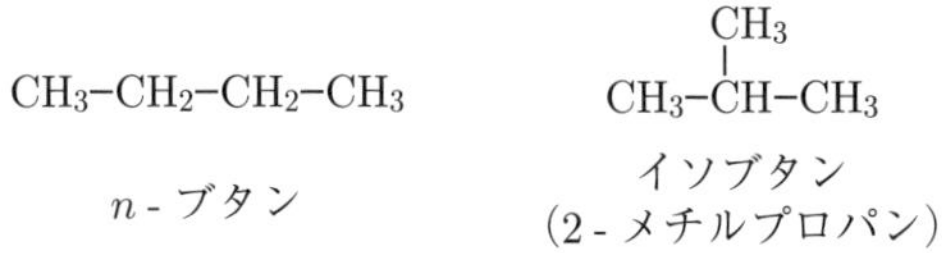

$CH_3-CH_2-CH_2-CH_3$

n - ブタン

CH_3
$CH_3-CH-CH_3$

イソブタン
（2 - メチルプロパン）

図 4.13　ブタンの構造異性体

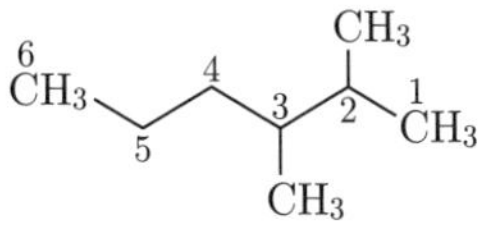

CH_3
6 CH_3　5　4　3　2　1 CH_3
CH_3

図 4.14　**2,3-**ジメチルヘキサンの分子構造．主鎖であるヘキサンの **2, 3, 4, 5** 位の炭素原子に結合している水素原子は省略している．

表 4.3　アルカン（$\mathbf{C_nH_{2n+2}}$）の骨格異性体の数

炭素原子の数（*n*）	骨格異性体の数	炭素原子の数（*n*）	骨格異性体の数
4	2	8	18
5	3	9	35
6	5	10	75
7	9	11	159

■位置異性体

置換基の位置が異なる異性体であり，キシレンの3種類の異性体（オルト–キシレン，メタ–キシレン，パラ–キシレン）が代表的な例である（図4.15）．ここで，オルト（ortho-），メタ（meta-）およびパラ（para-）はそれぞれギリシア語で“正規”，“超越”および“反対側”を意味する接頭語である．なお，キシレンは慣用名であり，IUPACによる名称はジメチルベンゼンである．芳香族における炭素原子の番号は，官能基と結合した炭素原子から右回りに番号をつける．

■官能基異性体

分子式が同一でありながら，原子の配列が異なるため官能基の種類が異なる異性体が官能基異性体であり，エタノール（CH_3–CH_2–OH）とジメチルエーテル（CH_3–O–CH_3）が代表的な官能基異性体である．

4.5.2 立体異性体

立体異性体は，化学構造は同一であるが分子の立体構造が異なるものであり，結合軸の回転によって生じる配座異性体，有機化合物の二重結合の炭素原子に結合している置換基の幾何構造が異なる場合や金属イオンに結合する配位子の幾何構造が異なる場合の幾何異性体，互いに鏡像関係にある分子の鏡像異性体などがある．ここでは立体異性体の中でも重要な幾何異性体および鏡像異性体について見てみよう．

■幾何異性体

幾何異性体は有機化合物や錯体の立体異性体の一種である．有機化合物の代表的な幾何異性体としてシス-2-ブテンとトランス-2-ブテンがある（図4.16）．2-ブテンとは2番目の炭素原子の位置に二重結合のある炭化水素 C_4H_8 を表し，シス（*cis-*）およびトランス（*trans-*）はラテン語でそれぞれ“近くに”および“越えて”を意味する接頭語である．シス型からトランス型に変化させるには炭素原子間の二重結合のうち，π 結合を切るエネルギーが必要であり，室温でそれぞれ独立に存在する．

金属錯体では，金属イオンに結合する配位子の位置の違いによる幾何異性体が代表的な例である．図4.17に $[Pt^{II}Cl_2(NH_3)_2]$ の幾何異性体を示す．

$[Pt^{II}Cl_2(NH_3)_2]$ のシス型は，**シスプラチン**という名前の**制癌剤**として知られている白金錯体である．1965 年，米国のローゼンバーグ（B. Rosenberg）らは，細菌に対して電場が及ぼす影響を調べているとき，偶然白金電極の分解物質が大腸菌の増殖を抑制していることを発見した．その後，ローゼンバーグらにより白金化合物の大腸菌に対する細胞分裂阻止作用を応用して癌細胞の分裂抑制に対する研究が行われ，その結果シスプラチンが癌腫瘍において広い抗癌作用をもつことを実証した．その後の臨床実験を通して 1978 年に米国等で認可され，1983 年には日本で認可された．

CH3
CH3
CH3
CH3
CH3
CH3

オルト - キシレン（1,2- ジメチルベンゼン）　メタ - キシレン（1,3- ジメチルベンゼン）　パラ - キシレン（1,4- ジメチルベンゼン）

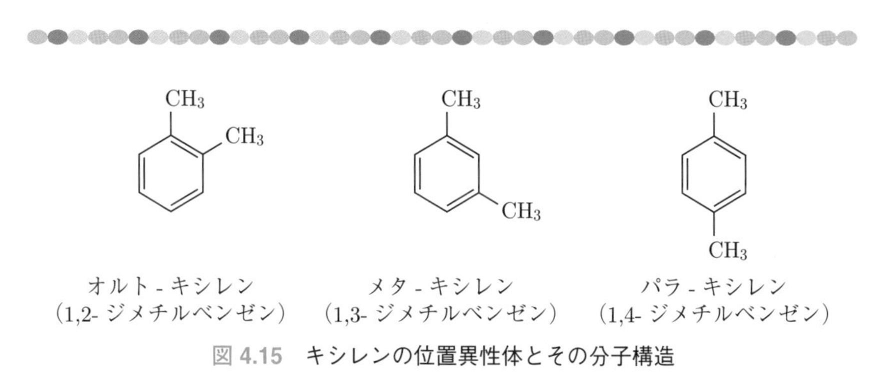

図 4.15　キシレンの位置異性体とその分子構造

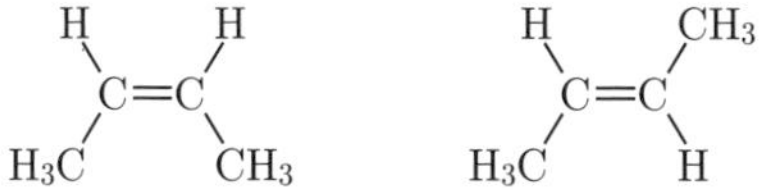

H
H
C=C
H3C
CH3
H
CH3
C=C
H3C
H

シス - 2 - ブテン　トランス - 2 - ブテン

図 4.16　ブテンの幾何異性体

H3N
Cl
PtII
Cl
NH3
H3N
Cl
PtII
H3N
Cl

trans-$[Pt^{II}Cl_2(NH_3)_2]$　*cis*-$[Pt^{II}Cl_2(NH_3)_2]$

図 4.17　$[\mathbf{Pt^{II}Cl_2(NH_3)_2}]$ の幾何異性体

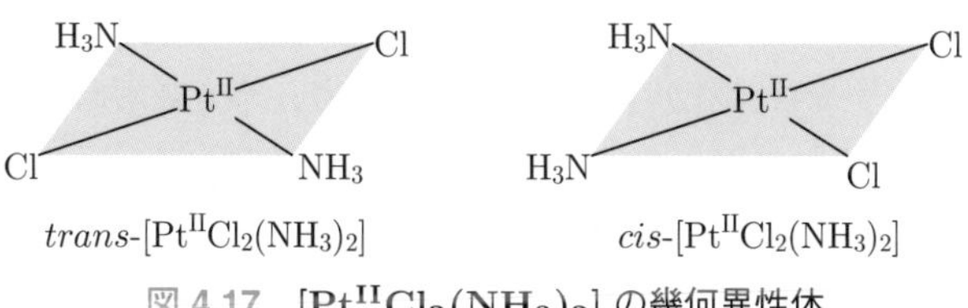

■鏡像異性体

鏡像異性体とは，鏡で映してみると同じ分子の形をしているが，回転などの操作を行っても互いに鏡に映った分子の形にすることができない異性体である．ここでは鏡像異性体の発見の歴史から始めてみよう．フランスのパスツール（L. Pasteur）は，ワインの澱からとれる溶液では，偏光を入射すると透過した光の偏光面を時計回りに回転させるが，ワインの澱からとれたものと同じ分子式をもつものを人工的に合成した溶液では，この偏光面の回転が起こらないことを見出した．そこで彼は，人工的に合成された酒石酸の塩（酒石酸ナトリウムアンモニウム）の小さな結晶を調べると，結晶には非対称な2種類の形があり，それらが鏡像の関係になっていることを発見した．それらの結晶を分別して，その溶液の偏光面の回転を調べた結果，一方の結晶の水溶液では偏光面が時計回りに回転するのに対し，他方の結晶の水溶液では反時計回りに回転することを発見した．そして，これら2種類を等量混合した水溶液は，偏光に対して何の効果も及ぼさなかった．さらに，等量混合したものに微生物を混入すると，偏光面は片側のみになった．このことからパスツールは，酒石酸の分子は非対称な形をしており，互いに鏡像の関係にある2種類の分子が存在すること，天然物であるワインから取れたものと違い，人工的に合成したものでは互いに鏡像の関係にある2種類の酒石酸の塩が等量含まれていることを明らかにした．

鏡像異性体の存在は分子の中心にある炭素原子に結合する4個の原子や官能基がすべて異なる場合に生じ，この条件の炭素原子を**不斉炭素原子**とよぶ．図4.18は，不斉炭素原子の存在と鏡像異性体の関係について，プロピオン酸と乳酸を比較したものである．プロピオン酸の場合，中心の炭素原子には2個の水素原子，メチル基およびカルボキシ基が結合している．この場合，鏡像関係にある分子はC–COOHの軸の周りに60°回転することにより相手分子の形になり，同一分子であることがわかる．一方，乳酸の場合，中心にある炭素原子は，結合している原子や官能基がすべて異なっており，不斉炭素原子である．この場合，C–COOHの軸の周りにどのように回転しても同一の分子になることはない．したがって，乳酸には2種類の鏡像異性体が存在することを示している．

鏡像異性体を識別するには，いくつかの表記法があるが，ここでは代表的な表記法として***RS*表記法**を紹介する．*RS*表記法は，不斉炭素に結合する原子（原子団）の空間配列を示すために，最もよく使われる表記法である．*R*-体か*S*-

体かを判断するには，以下の手順に従って判定する．

(1)　不斉炭素に結合した4個の原子（原子団）に対して優先順位をつける．

　①　その際，不斉炭素原子に結合している原子が4個とも異なる場合は，原子番号の大きいものを優先する．

　②　不斉炭素原子に結合している原子が同じ場合は，その原子に結合している原子の原子番号の大きいものを優先する．

　③　二重結合あるいは三重結合の場合は，それぞれ同じ原子が2個，あるいは3個結合しているものとみなす．

(2)　優先順位の最も低い原子（原子団）を紙面奥側になるように構造式を配置する．

(3)　他の3個の原子団を優先順位の高い順にたどったとき，時計回りのものを R 配置（R はラテン語の rectus（右）に由来），反時計回りのものを S 配置（S はラテン語の sinister（左）に由来）とする．

例えば，乳酸の場合，不斉炭素原子に結合した原子または原子団の優先順位は，$OH > COOH > CH_3 > H$ となる．したがって，図 4.18 の鏡像関係にある乳酸において，最も優先順位の低い H を紙面裏側にして眺めると，左側の乳酸では反時計回りになるため S 配置であり，右側の乳酸では時計回りになるため R 配置であることがわかる．

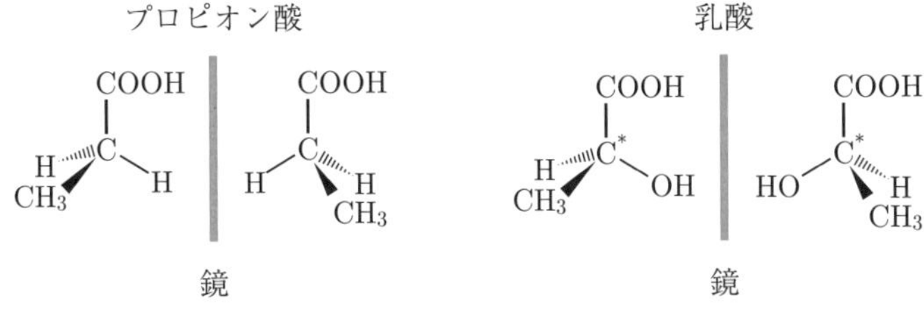

図 4.18　鏡像関係にあるプロピオン酸と乳酸の比較．乳酸の中心にある炭素原子 **C***は不斉炭素原子を表したものである．

コラム 4.1　サリドマイドと異性体

サリドマイドは 1950 年代後半に，ドイツのグリュネンタール社が開発した催眠剤であり，安全な睡眠薬・精神安定剤として販売（商品名：コンテルガン）されたが，妊娠初期（4 週〜8 週目）の妊婦が用いた場合に催奇性があり，四肢の全部あるいは一部が短いなどの先天性障害児が多数誕生した．日本では，大日本製薬がグリュネンタール社とは異なる独自の方法でサリドマイドを合成し，イソミンの商品名で販売した．また，他の製薬会社でもサリドマイドを含有する複合薬が様々な商品名で販売された．

1961 年 11 月，ドイツの小児科医レンツ博士（W. Lenz）は，四肢の全部あるいは一部が短い先天性障害児に関する詳細な調査を報告し，サリドマイドが催奇性の原因であることを世界に警告した（レンツ警告）．また同年 12 月にオーストラリアの産科医マクブライド博士（W. McBride）は，サリドマイド服用が四肢の全部あるいは一部が短い先天性障害児発生の原因であることを英国の医学雑誌（Lancet）に発表し，世界が知るところとなった．こうして，ドイツでは“レンツ警告”を受けてサリドマイドの出荷停止・回収を開始し，同年 11 月末には回収を完了させた．一方，日本では，諸外国が回収した後も販売が続けられ，回収が完了したのはドイツより約 2 年後のことであり，この間に被害児の約半分が出生したと推定されている．大日本製薬と厚生省（現在の厚生労働省）は，ドイツでの“レンツ警告”による迅速な回収措置を怠り，1959 年から 1969 年にかけて 309 人の被害者を出したのである．日本の被害児の数は，ドイツ（3,049 人）に次いで，世界で 2 番目の数である．一方，米国では食品医薬品局（FDA: Food and Drug Administration）が認可せず，治験段階で 10 人未満の被害児に留めたこととは対照的な結果となった．

図 4.19 にサリドマイドの鏡像異性体を示す．サリドマイドの *R*-体が催眠作用・鎮痛作用を示すのに対し，*S*-体は深刻な催奇性を引き起こすことが後に判明した．しかし，その後のマウスを用いた研究では，生体内で一部，*R*-体から *S*-体に変換

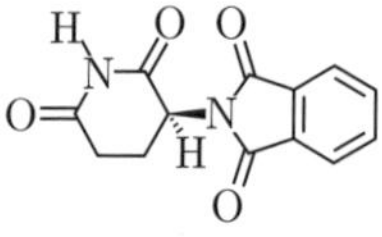

S- 体（催奇性） 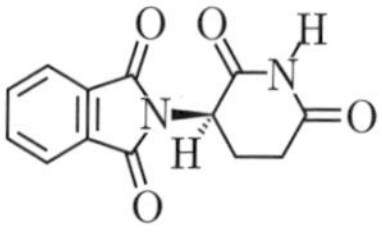　　*R*- 体（催眠作用，鎮痛作用）

図 4.19　サリドマイドの分子構造と鏡像異性体

することがわかっている．また，2010 年になって，サリドマイドがセレブロンとよばれる重要なたんぱく質と結合することによって代謝機能が阻害され，催奇性を誘発することを東京工業大学の伊藤拓水博士，半田宏博士らのグループが発見している．

4.5.3 光で異性化する分子

異性体の中には，光照射により別の構造の異性体に変化する分子があり，この現象を**光異性化**とよぶ．ここでは，網膜の視細胞で起こる光異性化現象と，これが引き金となり網膜に入ってきた画像の情報が視神経に伝わる仕組みを紹介する．

図 4.20 は人体の眼の断面図および網膜の断面図である．脊椎動物などの眼の視細胞には**桿体細胞**（かんたい）と**錐体細胞**（すいたい）があるが，桿体細胞は弱い光に反応して分子の構造が変化（光異性化）する，ビタミン A の誘導物質である 11-*cis*-**レチナール**とよばれる分子がある．この分子は視細胞にある膜タンパクのオプシンと結合した状態で 450 nm〜550 nm の可視領域の光を吸収して光異性化を起こし，全 *trans*-レチナールに変化する．折りたたまれた形状の 11-*cis*-レチナールはオプシンの中に取り囲まれている．この複合したたんぱく質として桿体細胞にあるものを**ロドプシン**とよび，錐体細胞にあるものを**フォトプシン**とよんでいる．図 4.21 は桿体細胞にあるオプシンと 11-*cis*-レチナールの複合タンパク質（ロドプシン）の構造である．ヒトの桿体細胞では $\lambda = 498$ nm に感度の極大がある．一方，ヒトの錐体細胞には 3 種類の細胞があり，感度の極大は $\lambda = 420$ nm, 534 nm, 564 nm にあり，それぞれ青色，緑色，赤色の光に反応する（図 4.22）．図 4.23 は，桿体細胞にあるオプシンと 11-*cis*-レチナールの複合タンパク質（ロドプシン）の光による構造変化の概略図である．網膜に光が入ると，光異性化を起こした全 *trans*-レチナールはジグザグ状に伸びた長い分子となり，オプシンから遊離することになる．この光異性化反応が膜タンパク質の形を変形させ，これが引き金となって細胞膜に電位差を引き起こし，この応答が視神経に伝達される．脳の中では，この信号が対象物の明るさの視覚画像に変換されることになる．また，この過程によって生成した全 *trans*-レチナールは，酵素の ATP（アデノシン三リン酸）によって 11-*cis*-レチナールに再変換され，オプシンと再結合して元のロドプシンに戻る．

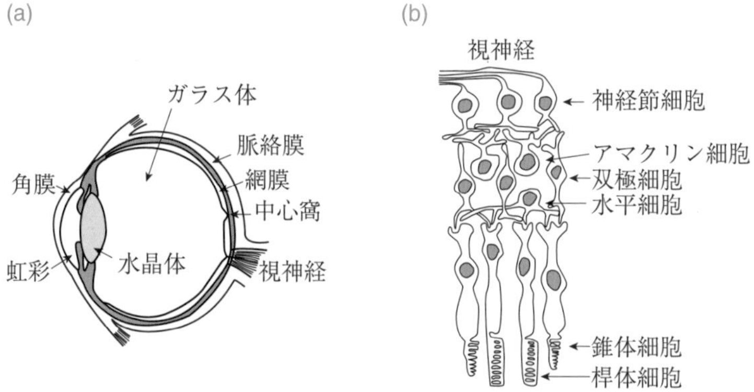

(a)

ガラス体
脈絡膜
網膜
角膜
中心窩
虹彩
水晶体
視神経

(b)

視神経
神経節細胞
アマクリン細胞
双極細胞
水平細胞
錐体細胞
桿体細胞

図 4.20　**(a)** 眼の構造，**(b)** 網膜の断面図

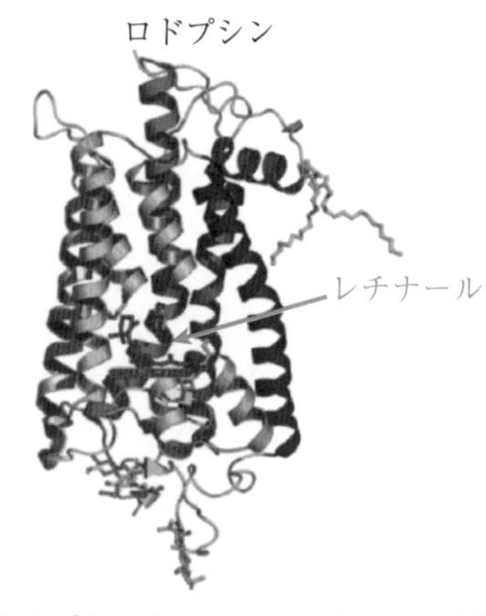

図 4.21　桿体細胞にあるオプシンと **11-*cis*-**レチナールの複合タンパク質（ロドプシン）の構造の概略図

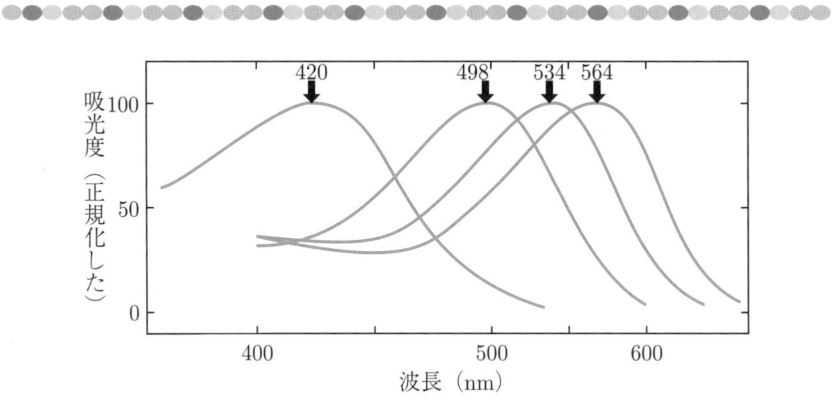

図 4.22　ヒトの桿体細胞および錐体細胞における光吸収スペクトル．桿体細胞では **λ ＝ 498 nm** に感度の極大がある．錐体細胞には **3** 種類の細胞があり，**λ ＝ 420 nm, 534 nm, 564 nm** に感度の極大をもつ細胞はそれぞれ青色，緑色，赤色の光に反応する．

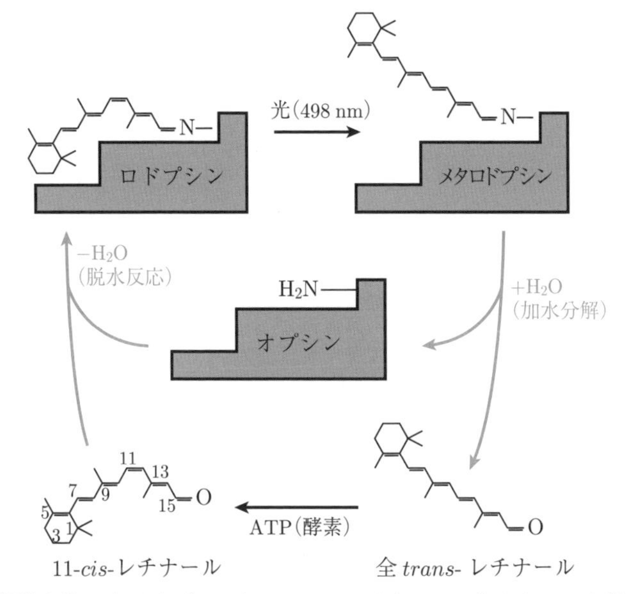

図 4.23　桿体細胞にあるオプシンと **11-*cis*-**レチナールの複合タンパク質（ロドプシン）の光による構造変化の概略図

演習問題

4.1 CO のルイス構造について非共有電子対を省略しないで示せ．

4.2 同じ正の分子イオンでも，N_2^+ では中性分子のときよりも結合が弱くなり，O_2^+ では結合が強くなる．その理由を述べよ．（結合性軌道，反結合性軌道に入る電子数を考慮して説明せよ．）

第5章

有機化合物の性質を決める分子軌道

有機化合物の炭素原子は，同じ原子同士がいくらでも結合できるという他の原子にはない特徴をもっており，この特徴が膨大な数の有機化合物を生み出している．炭素間の結合には，飽和炭化水素にみられる一重結合と，不飽和炭化水素にみられる二重結合や三重結合がある．本章の前半では，炭素原子の価電子である 2s 軌道と 2p 軌道による混成軌道の考え方を学ぶことにより，炭素原子間の σ 結合と π 結合について理解を深める．後半では，炭素原子間に不飽和結合をもつ有機化合物の性質を決める π 電子の分子軌道について学び，π 電子が分子全体に広がることによって生じる発色の仕組みや電気伝導性について学ぶ．

5.1 軌道の混成と分子構造

元素の種類は人工元素を含めると現在のところ118種類であるが，それらが化学的に結合してできた化合物は膨大な数に達しており，現在も新しい化合物が合成されている．米国化学会（American Chemical Society）の化学物質データベース（Chemical Abstract Service: CAS）には，1億件を超える化学物質が登録されているが，この中で，70%を超える化合物は有機化合物である．有機化合物の中心骨格をなす炭素原子は，同じ原子どうしがいくらでも結合できるという他の原子にはない特徴をもっており，この特徴が膨大な数の有機化合物を生み出している．炭素間の結合には，エタン（CH_3–CH_3）のような**飽和炭化水素**にみられる一重結合，エチレン（$CH_2{=}CH_2$）のような不飽和炭化水素にみられる二重結合，アセチレン（$CH{\equiv}CH$）のような不飽和炭化水素にみられる三重結合がある．エチレンやアセチレンなどの**不飽和炭化水素**は，エタンなどの飽和炭化水素とは性質が著しく異なり，反応性に富む．その原因は，不飽和化合物の分子が動きやすい**π電子**をもっていることにある．

炭素原子の電子配置は，$(1s)^2(2s)^2(2p)^2$ であり，化学結合に関係する価電子は $(2s)^2(2p)^2$ である．2s軌道は球状なので結合の方向には関係しない．一方，三つの2p軌道（$2p_x$, $2p_y$, $2p_z$）は互いに直交している．したがって，炭素原子の価電子 $(2s)^2(2p)^2$ から推定されるメタン分子のC–H結合は等価ではない．ところが，実際のメタン分子のC–H結合は等価であり，4本のC–H結合が互いになす角度は正四面体角109.5°である．また，エチレンは平面分子であるが，アセチレンは直線状分子である．これらの分子の構造や二重結合，三重結合の仕組みを**混成軌道**という新しい概念を導入して解明したのは米国のポーリング（L. Pauling, 1901–1994）であった．ポーリングは，炭素原子の電子状態は，結合を形成していないときと，結合を形成しているときでは全く異なると考え，有機化合物のC–C結合やC–H結合に寄与する炭素原子の軌道として2s軌道と2p軌道が混成したsp, sp^2, sp^3 混成軌道を考案したのである．ポーリングはこの功績により1954年にノーベル化学賞を受賞している．

本節では，有機化合物の構造と性質を支配する炭素原子の混成軌道について，アセチレンにおける炭素原子の**sp混成軌道**，エチレンにおける炭素原子の**sp^2 混成軌道**およびメタンにおける炭素の**sp^3 混成軌道**について学ぶ．

5.1.1 アセチレンの直線構造と炭素原子の sp 混成軌道

アセチレン（CH≡CH）は炭素原子間に三重結合をもった直線分子である．この分子構造は，炭素原子の sp 混成軌道を考えることによって理解することができる．まず 2s 軌道と $2p_x$ 軌道を 図 5.1 のように混合すると，2 個の等価な sp 混成軌道 ψ^+ および ψ^- が得られる．sp 混成軌道のエネルギーは 2s 軌道と $2p_x$ 軌道のエネルギーの平均値に等しい（図 5.2）．図 5.1 に示すように，sp 混成軌道 ψ^+ および ψ^- の対称軸は同一直線上にあり，それぞれ反対の方向に大きく広がっている．アセチレン分子において，各炭素原子は二つの sp 混成軌道を用いて，それぞれ 1 個の水素原子および相手側の炭素原子と **σ 結合**を形成している（図 5.3(a)）．sp 混成に寄与しなかった $2p_y$ 軌道および $2p_z$ 軌道は，炭素原子の

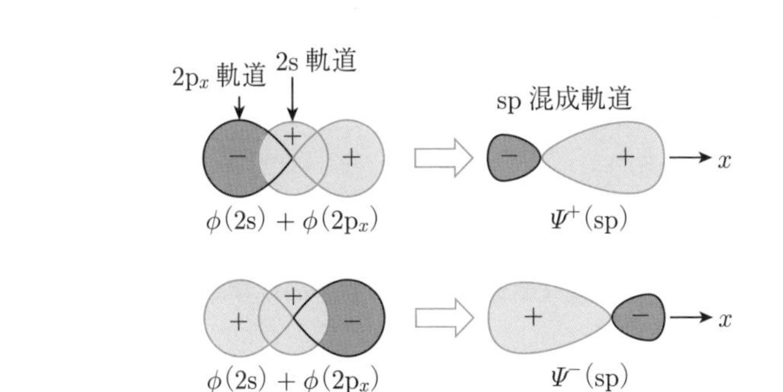

図 5.1 炭素原子の **2s** 軌道および **$2p_x$** 軌道の混合による二つの **sp** 混成軌道

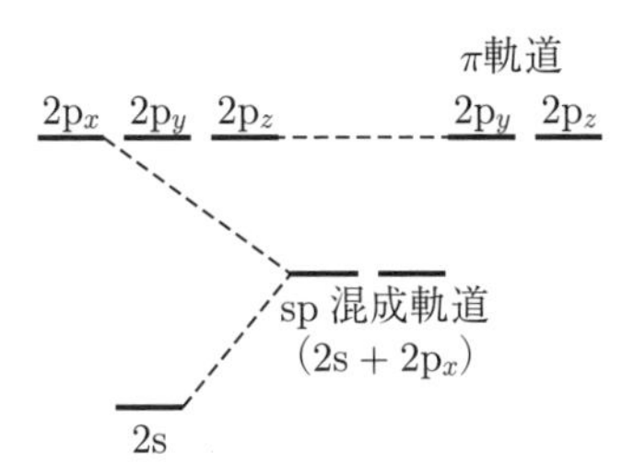

図 5.2 炭素原子における **2s** 軌道，**2p** 軌道および **sp** 混成軌道のエネルギー準位図

間で，二つの **π 結合**を形成する（図 5.3(b)）．すなわち，アセチレンの炭素–炭素三重結合は，1 本の σ 結合と 2 本の π 結合で構成されている．炭素–炭素三重結合中の炭素原子は，アセチレンに限らず一般に，sp 混成軌道を形成しており，sp 混成炭素原子およびそれらと結合している 2 個の原子は直線上にある．また，炭素原子以外の原子で三重結合を形成しているものも sp 混成をしている．例えば，直線分子である二酸化炭素の炭素原子も sp 混成をしている．

5.1.2　エチレンの平面構造と炭素原子の sp^2 混成軌道

エチレン（$CH_2{=}CH_2$）は平面構造をとるが，この平面構造と炭素原子間二重結合の仕組みを考えてみよう．炭素原子は，4 個の原子軌道 2s, $2p_x$, $2p_y$, $2p_z$ 軌道のうちから，3 個の原子軌道 2s, $2p_x$, $2p_y$ を用いて sp^2 混成軌道を形成し，この混成軌道が炭素原子間および炭素–水素原子間 σ 結合の形成に用いられる．一方，sp^2 混成軌道に使われなかった $2p_z$ 軌道は，sp^2 混成軌道と直交しており，2 個平行に並んで π 結合を形成する．すなわち，エチレンにおける炭素原子間の二重結合は，σ 結合と π 結合で構成されている．炭素原子における 2s 軌道，2p 軌道および sp^2 混成軌道のエネルギー準位を図 5.4 に，エチレンにおける炭素原子間および炭素–水素原子間の σ 結合，炭素原子間の π 結合を図 5.5 に示す．

5.1.3　炭素原子の sp^3 混成軌道とメタン分子の化学結合

メタン（CH_4）の C–H 結合は等価であり，4 本の C–H 結合が互いになす角度は正四面体角 109.5° である．ここでは，メタンの正四面体構造と C–H 結合を sp^3 混成軌道の立場に立って考えてみよう．いま，炭素原子の価電子の電子配置が $(2s)^2(2p_x)(2p_y)$ とし，2s 軌道にある電子の 1 個を空いている $2p_z$ 軌道に励起すると，$(2s)(2p_x)(2p_y)(2p_z)$ という電子配置になる．しかし，このままでは共有結合に寄与する軌道は 2s 軌道 1 個と 2p 軌道 3 個であり，炭素原子のつくる結合は，方向性のない 1 本の結合と互いに直交する 3 本の結合になり，実際のメタン分子の構造と矛盾する．そこで図 5.6 に示すように 2s 軌道，$2p_x$ 軌道，$2p_y$ 軌道および $2p_z$ 軌道を混合してできた同じエネルギーをもつ新たな 4 個の等価な sp^3 混成軌道を考えてみる．例えば 2s, $2p_x$, $2p_y$, $2p_z$ 軌道を同符号で混合すると立方体の (1, 1, 1) 方向に向いた sp^3 混成軌道ができ上がる．同様の仕方で (1, −1, −1) 方向, (−1, 1, −1) 方向, (−1, −1, 1) 方向に向いた

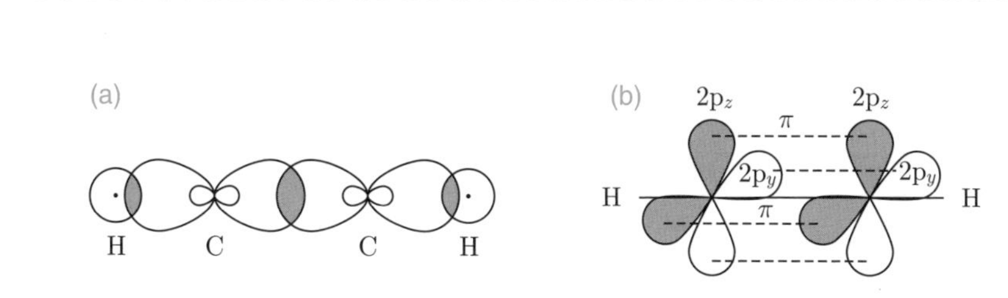

図 5.3　**(a)** アセチレンにおける炭素原子間および炭素–水素原子間の $\boldsymbol{\sigma}$ 結合，**(b)** アセチレンにおける炭素原子間の二つの $\boldsymbol{\pi}$ 結合

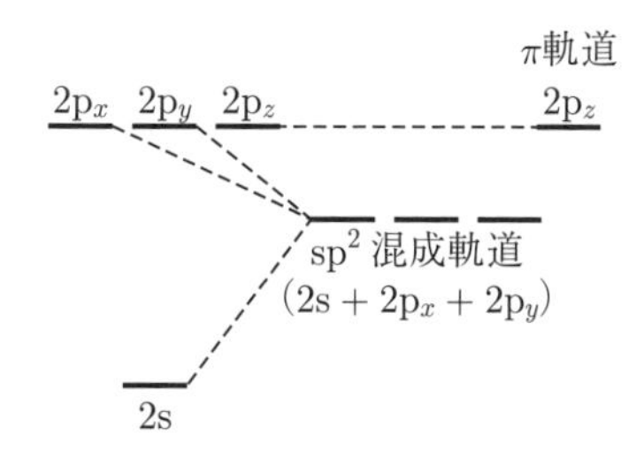

図 5.4　炭素原子における **2s** 軌道，**2p** 軌道および $\mathbf{sp^2}$ 混成軌道のエネルギー準位図

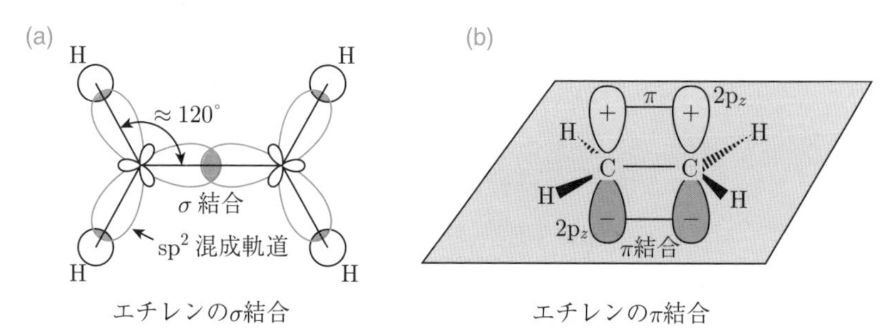

図 5.5　**(a)** エチレンにおける炭素原子間および炭素–水素原子間の $\boldsymbol{\sigma}$ 結合，**(b)** エチレンにおける炭素原子間の $\boldsymbol{\pi}$ 結合

sp^3 混成軌道ができ上がる（図 5.7(a)）．これらの sp^3 混成軌道は水素原子の 1s 軌道と結合して σ 結合を形成する（図 5.7(b)）．

5.2　分子軌道からみた有機化合物の構造と性質

有機化合物の炭素原子間に不飽和結合がある場合，炭素原子間の結合は σ 結合と π 結合で構成されている．隣接する炭素原子の軌道の位相が同位相であればその結合は結合的であり，逆位相であればその結合は反結合的である．エチレンの場合を例にとると，π 軌道は，$2p_z$ 軌道が互いに同位相の結合性軌道と逆位相の反結合性軌道で構成されている．結合性軌道は 2 個の $2p_z$ 電子が占有されており，電子が詰まった分子軌道の中で最もエネルギーの高い軌道であることから**最高被占軌道**（**HOMO**: highest occupied molecular orbital）とよばれている．一方，反結合性軌道は電子が占有されていない分子軌道の中で最もエネルギーの低い軌道であることから**最低空軌道**（**LUMO**: lowest unoccupied molecular orbital）とよばれている．HOMO と LUMO は有機化学反応で主役を演じる軌道である．1952 年，京都大学の福井謙一博士は，化学反応においては，反応にかかわる分子のすべての軌道が同等な働きをするのではなく，HOMO と LUMO だけが主要な働きをするとして**フロンティア軌道**（frontier orbital）と名付け，この軌道が果たす様々な有機化学反応を理論的に解明した．この理論が最初に適用されたのは，ナフタレンのニトロ化反応における位置選択性であった．福井博士は，ナフタレンの HOMO の電子密度が 1 位の炭素原子で最大であることから，ニトロ基の置換反応は，主として 1 位の炭素原子で起こることを理論的に証明した（図 5.8）．福井博士は 1981 年，フロンティア軌道理論の業績によりノーベル化学賞を受賞している．

図 5.9 は，エチレン（$CH_2=CH_2$）およびブタジエン（$CH_2=CH-CH=CH_2$）における π 軌道のエネルギー準位と各炭素原子の $2p_z$ 軌道の位相を示したものである．これらの物質の電子は光を吸収してエネルギーの高い軌道に励起されるが，最低励起エネルギーは HOMO と LUMO のエネルギー差（$\Delta E = E(\mathrm{LUMO}) - E(\mathrm{HOMO})$）に対応している．

図 5.9 に示したように，ブタジエンの ΔE はエチレンの ΔE より小さいことがわかる．1,3-ブタジエン（$CH_2=CH-CH=CH_2$）のように多重結合と単

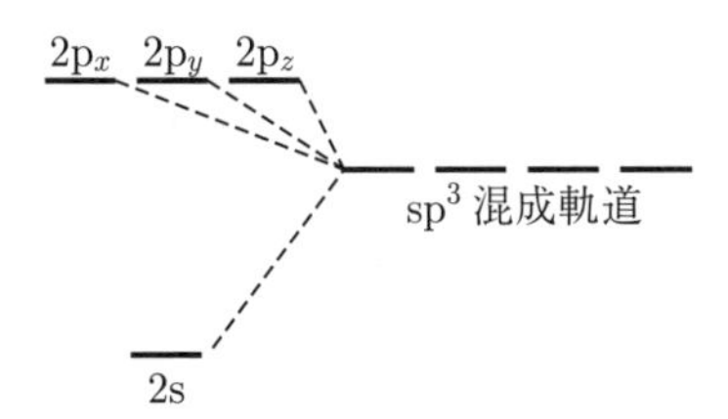

図 5.6 炭素原子における **2s** 軌道，**2p** 軌道，**sp^3** 混成軌道のエネルギー準位図

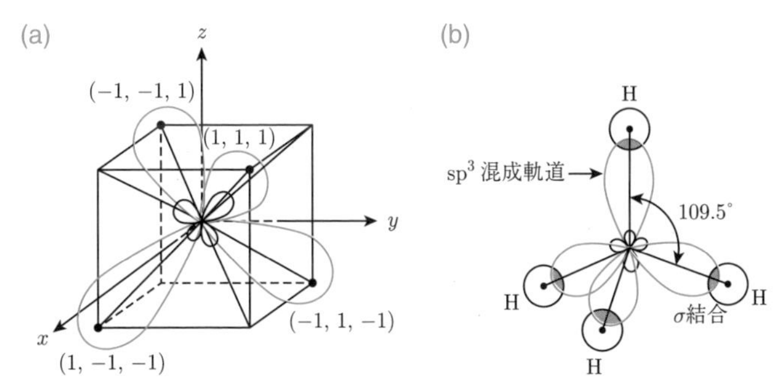

図 5.7 **(a)** 炭素原子における四つの **sp^3** 混成軌道の形状，**(b)** メタンの炭素原子の **sp^3** 混成軌道と水素原子の **1s** 軌道によって形成される炭素–水素原子間の $\boldsymbol{\sigma}$ 結合

0.362
0 0.138
7 8 8a 1 2
6 5 4a 4 3
HNO_3/H_2SO_4
NO_2 NO_2
(95%) (5%)
1- ニトロナフタレン 2- ニトロナフタレン

図 5.8 ナフタレンの炭素原子における **HOMO** の電子密度とニトロ化反応における位置選択性．〔K. Fukui, T. Yonezawa, H. Shingu, J. Chemical Physics, Vol. 20, p.722, American Institute of Physics (1952) より作成〕

結合が交互に結合した系を**共役系**とよぶが，共役鎖が長くなるほどHOMOとLUMOのエネルギー差が小さくなり，このエネルギー差に対応する光吸収極大波長は長くなる．表5.1は**共役ポリエン**（C_nH_{n+2}）における二重結合の数と$\Delta E = E(\text{LUMO}) - E(\text{HOMO})$に対応する光吸収極大波長の変化を示したものである．二重結合の数nが6までの共役ポリエンは無色であるが，$n > 8$になると青色領域の光を吸収するようになり，$n = 8$では青色の補色である黄色を呈し，$n = 10$になると橙色を呈するようになる．

共役ポリエン（C_nH_{n+2}）を無限の長さにしていくと，HOMOとLUMOのエネルギー差は無限小になり，やがて金属の性質をもつようになることが予想される．1958年にナッタ（G. Natta）らが触媒を用いてアセチレンを重合させてポリアセチレン$(CH)_n$の合成に成功したが，このポリアセチレンは不溶・不融の黒色粉末であるため，電気的性質や光学的性質を詳しく調べることができなかった．その後1967年，東京工業大学の白川英樹博士の研究室では，触媒試薬の調整ミスで常識を超えた10^3倍の濃度の触媒を用いた結果，触媒の界面で銀色の光沢をした薄膜状のポリアセチレンを作製することに偶然成功し，その構造と性質について詳細な研究を行った．さらに，1977年に，白川博士らはポリアセチレンにヨウ素などの**電子受容体**（アクセプター）やアルカリ金属などの**電子供与体**（ドナー）をドーピングすることで，金属に匹敵する電気伝導度を示すことを見出した．これにより，導電性高分子の道が拓かれたのである．白川博士は，ポリアセチレンをはじめとする導電性ポリマーの開発で2000年にノーベル化学賞を受賞している．図5.10にポリアセチレンの構造を示す．

ここまで共役ポリエンのπ軌道について述べてきたが，**芳香族**の場合も不飽和結合が増加するに従って，HOMOとLUMOのエネルギー差が減少していく．表5.2に，芳香族におけるベンゼン環の数とHOMO–LUMO間のエネルギー差に対応する光吸収極大波長を示す．ベンゼンからアントラセンまでは無色であるが，テトラセンになるとHOMO–LUMO間のエネルギー差が可視領域（青色）になるため，補色である黄色を呈する．この現象をもとにして，フェノールフタレインのpHに対する色の変化について考えてみよう．

pH指示薬のフェノールフタレインは酸性側では無色であるが，塩基性側（$\text{pH} > 8.5$）で赤色に変化する．図5.11に酸性側と塩基性側におけるフェノールフタレインの分子構造を示す．酸性側の構造では，中心にある炭素原子の軌道

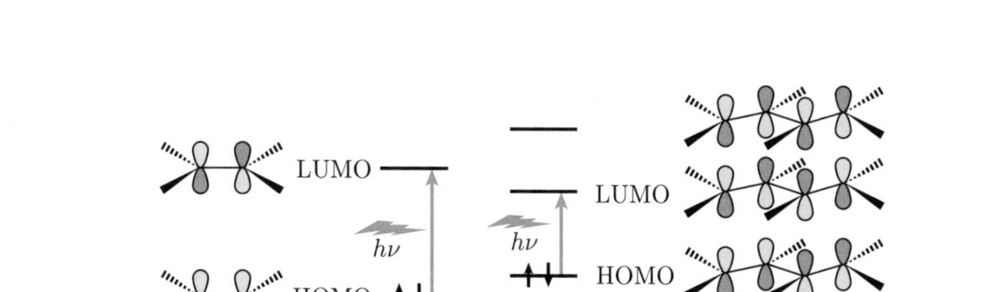

図 5.9　エチレン（$\mathbf{CH_2{=}CH_2}$）およびブタジエン（$\mathbf{CH_2{=}CH{-}CH{=}CH_2}$）における π 軌道のエネルギー準位と各炭素原子の $\mathbf{2p_z}$ 軌道の位相

表 5.1　共役ポリエン（$\mathbf{C_nH_{n+2}}$）における二重結合の数と HOMO–LUMO 間のエネルギー差に対応する光吸収極大波長

二重結合の数（n）	炭素原子の数	最長波長吸収帯の吸収極大波長（nm）
1	2	165
2	4	217
4	8	304
6	12	364
8	16	420
10	20	450

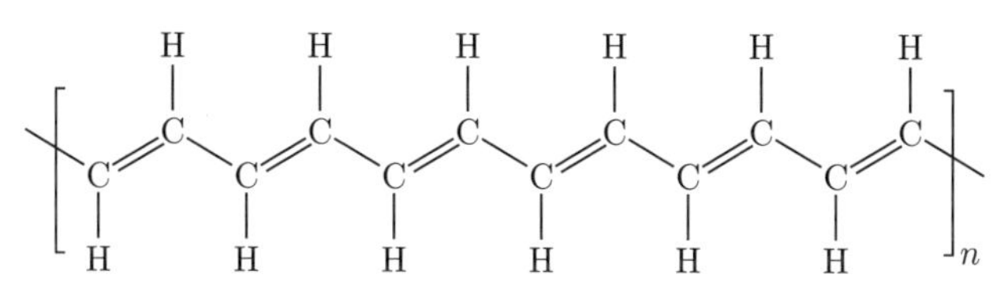

図 5.10　ポリアセチレンの構造

は sp^3 混成軌道を形成しており，π 電子が存在しない．このため酸性側の構造では，π 電子は分子全体に広がることができず，3個の部分に分断されるため，HOMO–LUMO 間のエネルギー差は紫外領域になり，水溶液の色は無色である．ところが塩基性側では，OH 基からプロトン（H^+）が引き抜かれて分子は平面構造となり，中心の炭素原子は sp^2 混成軌道を形成することにより π 電子（$2p_z$ 軌道の電子）が現れる．そして，中心の炭素原子に現れた π 電子を媒介として π 軌道は分子全体に広がるため，HOMO–LUMO 間のエネルギー差は可視領域まで減少する．こうして，フェノールフタレインは塩基性側で赤色を呈するのである．

5.3 有機化合物における光の吸収と発光

物質は光を吸収してエネルギーの高い軌道に励起されると，やがて最初の電子状態（基底状態）に戻る．励起状態から基底状態に戻る場合，次の2種類の過程がある．

(1)　**発光過程**：励起状態のエネルギーを光として放出し，基底状態に戻る過程

(2)　**非放射過程（無輻射過程）**：励起状態のエネルギーを振動エネルギーに分配して基底状態に戻る過程

ほとんどの物質は非放射過程が支配的であり，励起エネルギーは格子振動や分子振動に分配されて物質は熱くなる．発光する物質は照明やディスプレイなど様々な用途に用いられるため，発光物質の開発が活発に行われている．一般に発光過程と非放射過程は共存しており，発光過程の割合を**量子収率**とよんでいる．量子収率を上げて強く発光させるには，非放射過程を如何にして抑制するかが重要である．そのヒントを教えてくれるのはほとんど発光しないフェノールフタレイン（塩基性）と強く発光する**フルオレセイン**の構造の違いである．

フルオレセインでは，図5.12に示した分子構造からわかるように，酸素原子が二つの芳香族環を固定し，ねじれや変角の振動モードの数が少なくなるため非放射過程の割合が減少し，発光過程が優勢になる．このようにして，フルオレセインが強く発光することになる．フルオレセインとその誘導体の多くはフェノールフタレインと同じように pH の値によって構造が変化し，発光効率が

表 5.2　芳香族におけるベンゼン環の数と **HOMO–LUMO** 間のエネルギー差に対応する光吸収極大波長

ベンゼン環の数（n）	名称	最長波長吸収帯の吸収極大波長（nm）
1	ベンゼン	255
2	ナフタレン	286
3	アントラセン	375
4	テトラセン	477

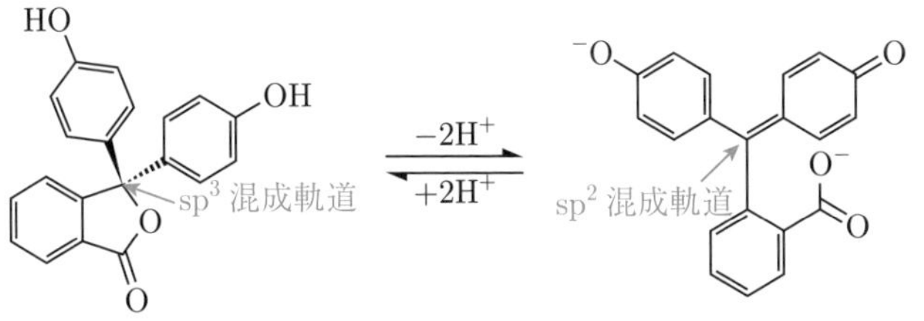

図 5.11　**pH** の値で変化するフェノールフタレインの分子構造と色変化

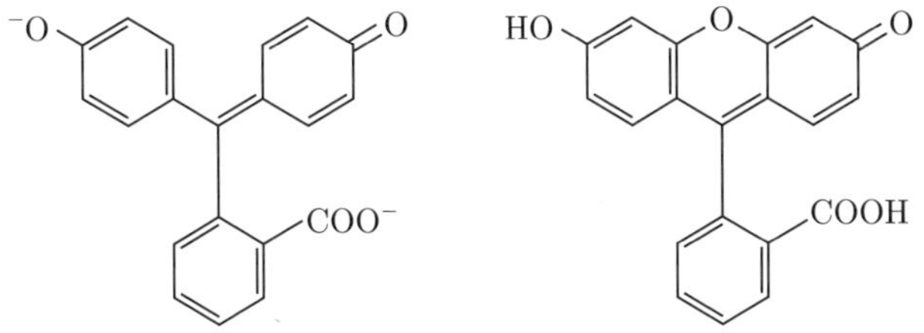

図 5.12　フェノールフタレイン（塩基性）およびフルオレセインの分子構造

変化するため，発光する **pH インジケーター**として注目されている．特に，癌細胞と正常細胞では，細胞質の pH が異なるため，これを利用して癌細胞だけを発光させる**癌細胞インジケーター**としてフルオレセイン誘導体が活用されている．

演 習 問 題

5.1　水（H_2O）の幾何学的構造を混成軌道の立場に立って説明せよ．

コラム 5.1　クロロフィルの発光と新緑の美しさ

新緑の時期，植物の若葉は眼にまぶしいほど美しい若草色になる．よく知られているように，植物の葉緑体に含まれる**クロロフィル**は光合成に不可欠な物質である．クロロフィルは，可視領域に二つの励起準位（赤色領域と青色領域）をもっている．電子はこれらの準位のエネルギーに相当する光を吸収して励起準位に遷移する．緑色の光に相当するエネルギーの領域には電子準位がないので，緑色の光は透過する．植物の葉が緑色に見えるのは，クロロフィルに吸収されない波長領域の光を相対的に強く感じているため，緑色に見えるのである．

ところで，励起された電子が基底状態に戻る過程には，

(1)　光を放出して基底状態に戻る過程（発光過程）と，

(2)　分子や格子の振動モードにエネルギーを与えて基底状態に戻る過程（非放射過程）

があるが，多くの物質は光を吸収しても発光しないのは，励起された電子が非放射過程によって基底状態に戻るからである．ところが，若葉に含まれるクロロフィルは特に発光効率が高く，最低励起状態である赤色領域の電子準位から赤色の光を放出して基底状態に戻る．こうして新緑の色は，クロロフィルの光吸収の補色である緑色（500～550 nm）と発光の赤色（650 nm）が合わさって，我々の眼には萌えるような眩しい若草色に見えるのである．

第6章

遷移金属元素と配位結合

一般に遷移金属イオンは有色であるが，これは金属イオンが配位子と配位結合することにより d 軌道が分裂し，その分裂の間隔が可視光のエネルギーに相当するからである．本章では，遷移金属元素が配位結合によって形成される金属錯体の性質を支配する d 軌道とその分裂について学び，遷移金属錯体が発色する色の原因について理解を深める．また，遷移金属錯体における配位結合の強さを表す分光化学系列について学び，配位結合の柔らかさを活用した超分子の形成について理解を深める．

6.1 遷移元素の d 電子軌道と配位結合による軌道の分裂

一般に**遷移金属イオン**は有色であるが，これは金属イオンが**配位子**と**配位結合**することにより **d 軌道**が分裂し，その分裂の間隔が可視光のエネルギーに相当するからである．**遷移元素**とは周期表の 3〜12 族の元素をさし，原子番号が増すに従って d 軌道または **f 軌道**に電子が満たされていく．遷移元素は **M 殻**で初めて現れる．d 軌道には 5 種類の軌道があり，その電子雲の形状を 図 6.1 に示す．5 種類の軌道の中で，d_{z^2} 軌道だけ形状が異なるが，この軌道は $d_{z^2-x^2}$ 軌道と $d_{z^2-y^2}$ 軌道を足し合わせた軌道であり，基本形はクローバー形である．

金属イオンの d 電子は原子核および原子内の電子とのクーロン力以外に，周りの配位子から生じる電場を受ける．**正八面体錯体**の場合，図 6.2 に示すように，$d_{x^2-y^2}$ および d_{z^2} 軌道の電子密度はそれぞれ x, y 軸上および z 軸上で大きな値をもち，軸上に負電荷があればより大きなクーロン反発を受けてエネルギーが高くなる．d_{xy}, d_{yz}, d_{zx} 軌道の電子密度は二つの軸の間の領域で大きくなるため，相対的に安定な軌道となる．こうして正八面体錯体では，d 電子の軌道は 2 組のグループに分裂するが，この分裂を**配位子場分裂**とよび，その分裂幅は一般に $10Dq$ で表される．ここで，Dq は配位子場分裂の大きさを表すパラメータである．多くの遷移金属化合物では，$10Dq$ の値が可視光のエネルギーに相当するため，遷移金属化合物は有色になる．

6.2 遷移金属化合物の色の起源

6.2.1 配位子場遷移（d-d 遷移）

ルビーなどの宝石や遷移金属錯体には美しい色をもっているものが多いが，これらの色のほとんどは遷移金属イオンの d 電子軌道間の光学遷移（**d-d 遷移**）が関与している．図 6.3 に $[Ti(H_2O)_6]^{3+}$ 水溶液の光吸収スペクトルと d-d 遷移を示す．$[Ti^{III}(H_2O)_6]^{3+}$ の Ti^{3+} は 1 個の 3d 電子をもち，基底状態（d_{xy}, d_{yz}, d_{zx} 軌道）に入っている．この水溶液に光が入射すると，$[Ti^{III}(H_2O)_6]^{3+}$ は配位子場分裂（450〜600 nm）に相当する光を吸収して，基底状態（d_{xy}, d_{yz}, d_{zx} 軌道）から励起状態（$d_{x^2-y^2}$, d_{z^2} 軌道）に励起される．青色領域および赤色領域の光は透過するので $[Ti(H_2O)_6]^{3+}$ 水溶液は赤紫色を呈している．

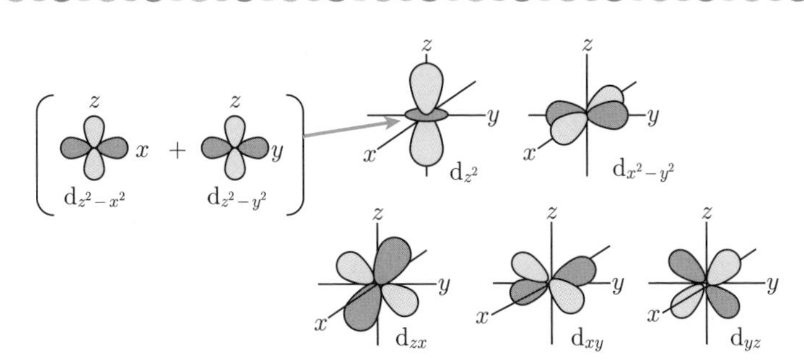

図 6.1　d 軌道の電子雲の形状．青色と灰色の領域は，波動関数の符号がそれぞれ正および負を表している．

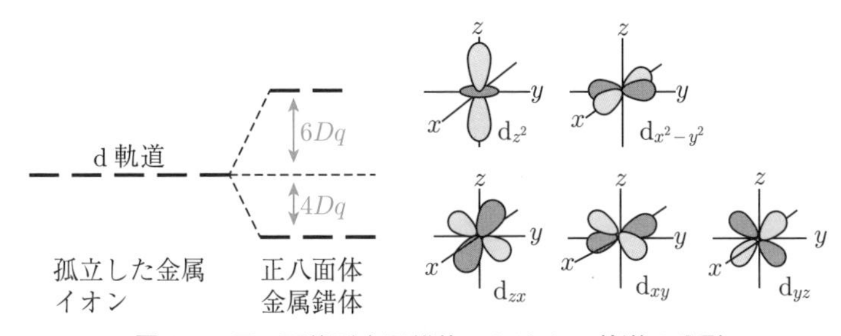

図 6.2　正八面体形金属錯体における d 軌道の分裂

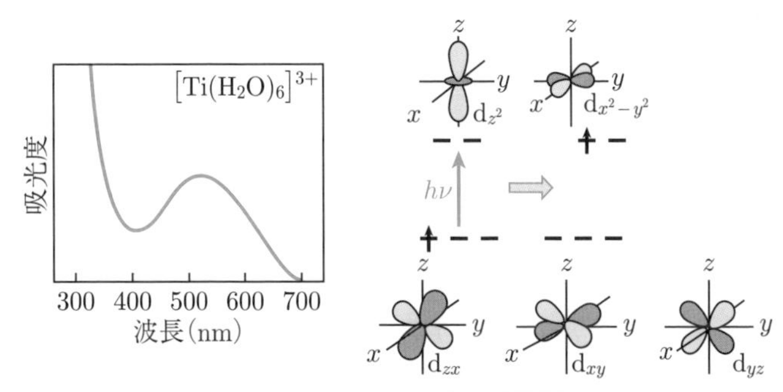

図 6.3　$[Ti^{III}(H_2O)_6]^{3+}$ の水溶液における光吸収スペクトルと d-d 遷移

6.2.2 電荷移動遷移

遷移金属錯体の色の原因として，中心金属イオンにおける分裂したd軌道間の配位子場遷移（d-d遷移）以外に，金属–配位子間の電荷移動や金属–金属間電荷移動に起因するものがあり，**電荷移動遷移**とよばれている．電荷移動遷移は3種類に分類することができる．

(1) 配位子の軌道から金属イオンのd軌道への電荷移動遷移：**LMCT**（Ligand-Metal Charge Transfer）
(2) 金属イオンのd軌道から配位子の空軌道への電荷移動遷移：**MLCT**（Metal-Ligand Charge Transfer）
(3) 低原子価状態の金属イオンから高原子価状態の金属イオンへの電荷移動遷移：**IVCT**（Inter-Valence Charge Transfer）

これらの電荷移動遷移はd-d遷移に比べ吸光度が3桁程度強い．LMCTとしては過マンガン酸イオン$[MnO_4]^-$の濃赤紫色が代表的な例である．**正四面体錯体**$[MnO_4]^-$におけるMnイオンの価数は7+であり，3d軌道は空軌道になっている．図6.4は$[MnO_4]^-$の分子構造とLMCTの遷移機構を示したものである．可視領域の強い吸収は，O^{2-}の2p軌道からMn^{7+}の3d軌道への電荷移動遷移に対応している．酸化還元滴定では，LMCTによる強い光吸収をもつ$[MnO_4]^-$が指示薬として用いられている．酸化還元滴定の終点では，すべてのMn^{7+}イオンが還元されて$[Mn(H_2O)_6]^{2+}$になっているが，$[Mn(H_2O)_6]^{2+}$はほとんど無色の溶液である．このようにして，酸化剤である$[MnO_4]^-$のLMCTが酸化還元滴定に活用されている．

IVCTとしては，プルシアンブルー$Fe^{III}_4[Fe^{II}(CN)_6]_3\cdot 15H_2O$の濃青色が代表的な例である．$Fe^{III}_4[Fe^{II}(CN)_6]_3\cdot 15H_2O$は，$K_4[Fe^{II}(CN)_6]$の水溶液に$Fe^{3+}$イオンを加えることによって析出する濃青色の難溶性錯体であり，

$$-NC-Fe^{II}-CN-Fe^{III}-NC-$$

のようにCNを架橋としてFe^{II}とFe^{III}が交互に結合した三次元ネットワークを形成している（図6.5）．基底状態の電子配置

$$-NC-Fe^{II}-CN-Fe^{III}-NC-$$

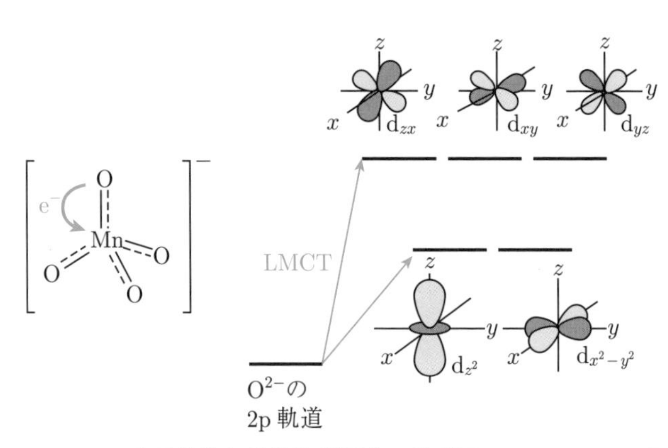

図 6.4 $[\mathbf{MnO_4}]^-$ の分子構造と電荷移動遷移の模式図．$[\mathbf{MnO_4}]^-$ は正四面体構造のため，**d** 軌道のエネルギー準位は正八面体錯体の **d** 軌道のエネルギー準位と逆転している．

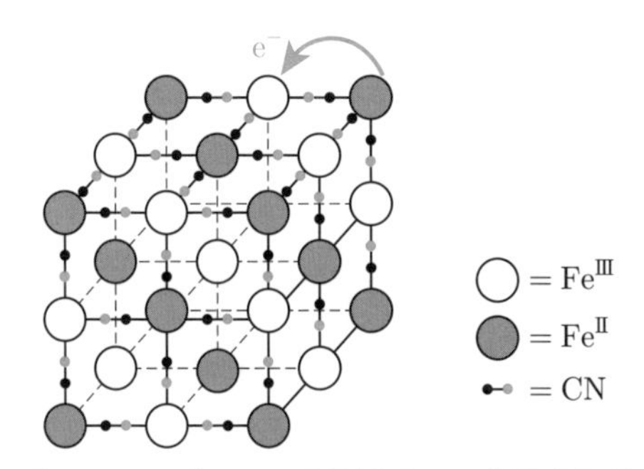

図 6.5 プルシアンブルーの骨格構造と電荷移動遷移の模式図

は，Fe^{II} から Fe^{III} に電子が移動すると励起状態である

$$-NC-Fe^{III}-CN-Fe^{II}-NC-$$

の電子配置になる．プルシアンブルーでは，IVCT に基づく強い吸収スペクトルが 650 nm より長波長の赤色領域から近赤外領域にかけて現れるため，錯体は濃青色を呈する．プルシアンブルーは 18 世紀の初頭にドイツの染料業者が染料を合成中に偶然発見したと伝えられている．その後，大量生産の手法が確立され，プルシアンブルーはドレスデンにあるマイセンの陶器の青色顔料として利用されることになった．日本には 18 世紀後期に輸入され，浮世絵の青色顔料として用いられた．その代表的な版画の青色が，葛飾北斎の「富嶽三六景」の青色である．

コラム 6.1　ルビーの発光と世界初のレーザー光線

物質に強度 I_0 の光を照射し，透過した光の強さを I とすると，I と I_0 の間には関係式 $I = I_0 \exp(-\alpha l)$ が成り立つ．ここで α は吸収係数，l は物質の長さである．いま，E_1, E_2 のエネルギー（$E_2 > E_1$）をもつ二つの準位 1, 2 を考えると，この準位間の遷移に対応する吸収係数 α は E_1, E_2 に分布する電子の数の差（$N_1 - N_2$）に比例する．熱平衡状態では，$\Delta N = N_1 - N_2 > 0$ となり吸収係数は正になる．しかし，何らかの方法により $\Delta N < 0$ にすると，吸収係数 α は負になり，光は物質中で $I = I_0 \exp(-\alpha l)$ のように増幅される．すなわち，物質に入射した光より出てくる光の方が強くなるという現象（**誘導放射**）が起こる．励起状態に分布している電子数が基底状態に分布している電子数より多くなる状態（$\Delta N < 0$）を**負の温度状態**とよび，この状態が実現したときに**レーザー発振**（LASER: Light Amplification by Stimulated Emission of Radiation，誘導放射による光の増幅）が起こる（図 6.6）．

レーザー発振は 1960 年にルビー（Ruby）を用いて初めて成功した．ルビーは酸化アルミニウム Al_2O_3 に Cr^{3+} が不純物として 0.1% 程度入ったもので，Cr^{3+} には 6 個の O^{2-} が配位し，八面体を形成している．可視領域には Cr^{3+} の d-d 遷移による複数の吸収スペクトルが現れるが，最低励起状態である R 線の準位は寿命が長く（10 ms），この準位の電子は赤い光を放出して基底状態に戻る．R 線より

少しエネルギーの高いところには光を強く吸収する準位があり，この準位に励起された電子は非放射遷移によってすぐに R 線まで落ちてくる．長寿命でしかも発光する励起状態が存在し，R 線より少しエネルギーの高いところに光を強く吸収する準位をもつルビーに着目した米国のメイマン（T.H. Maiman）は 1960 年，ルビーに強力なキセノンフラッシュランプの光を照射することにより，R 線からのレーザー発振に成功した．これが世界最初のレーザー光線の出現である．図 6.7 にルビー（Al_2O_3:Cr^{3+}）によるレーザー発振の原理図を示す．ルビーレーザーの発明以後，レーザーは，気体レーザー，半導体レーザー，色素レーザーなど様々な材料を用いて開発され，多くの分野で使用されている．

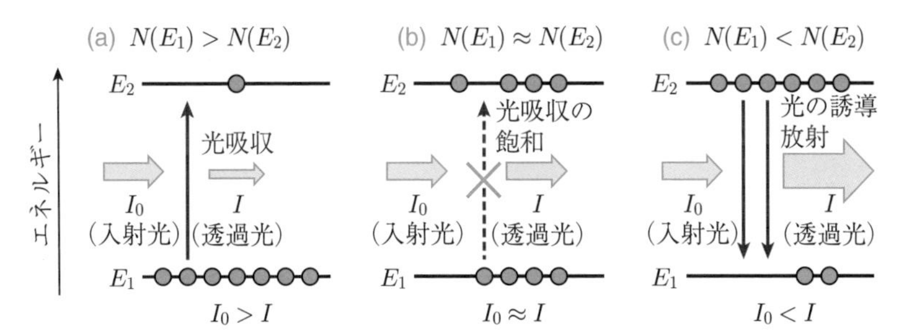

図 6.6　レーザー発振の原理図．(a) 通常の光吸収，(b) 光吸収の飽和，(c) レーザー発振

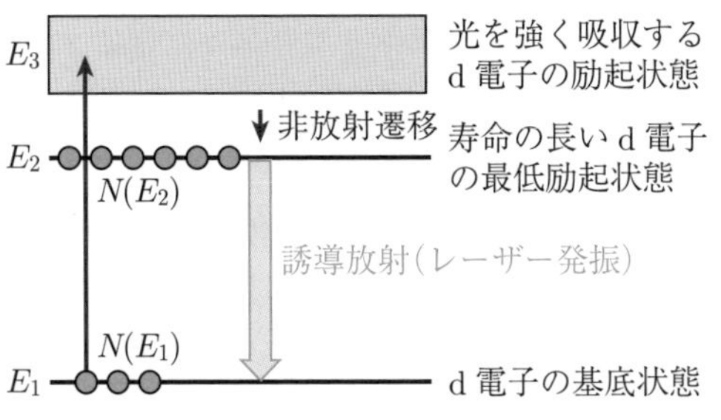

図 6.7　ルビー（Al_2O_3:Cr^{3+}）によるレーザー発振の原理図

6.3 遷移金属錯体における配位結合の強さ

6.3.1 分光化学系列

金属イオンがd電子を有する場合，光を吸収して低いエネルギーのd軌道から高いエネルギー状態のd軌道に励起され，可視領域に吸収帯が現れる．1938年，槌田龍太郎（大阪大学）はCr^{3+}およびCo^{3+}の六配位錯体における二つの強い吸収帯を系統的に調べ，配位子を次の系列の上位にあるものに置換すると，吸収帯の極大が高波数側（短波長側）にシフトすることを発見した．この系列は**分光化学系列**（spectrochemical series）と名付けられ，配位子場分裂の大きさの順序を表している．なお，中心金属が異なっても，分光化学系列の順序は基本的に変動しない．

$$\underbrace{I^- < Br^- < Cl^- < F^-}_{\text{ハロゲン}} < \underbrace{H_2O}_{\text{酸素}} < \underbrace{NCS^- < NH_3 < NO_2^-}_{\text{窒素}} < \underbrace{CN^-, CO}_{\text{炭素}}$$

分光化学系列の下線の部分には配位する原子を示しているが，配位子場分裂の大きさは，ハロゲン原子 < 酸素原子 < 窒素原子 < 炭素原子 の順になっている．溶液中では，金属イオンに結合した配位子は，分光化学系列の上位にある配位子と容易に置換される．

例として一酸化炭素COの毒性を紹介する．赤血球の酸素運搬酵素である**ヘモグロビン**は，ヘムとよばれる鉄錯体を取り込んだ金属タンパク質である．図6.8にヘモグロビンの鉄錯体部分および酸素分子が鉄錯体に配位した構造を示す．酸素分子内の結合は1本のσ結合と1本のπ結合であり，酸素原子の軌道は3個のsp^2混成軌道と1個のπ軌道（$2p_z$軌道）で構成されている．したがって，酸素原子に注目すると，分子内結合に寄与しない2組の非共有電子対があり，このうちの1対の非共有電子対が鉄錯体の軸方向から配位する．非共有電子対はsp^2混成軌道の電子対であるため，配位した酸素分子は軸に対して約60°傾いて結合している．赤血球に含まれるヘモグロビンの鉄錯体に酸素分子が配位すると，血液を通して酸素分子を運搬することになる．こうして血液を通して組織の隅々まで酸素が運搬される．細胞内では，酸素がヘモグロビンから遊離して代謝のために消費される．細胞内では，酸素が消費され，代わりに二酸化炭素が放出される．このとき，酵素の働きで二酸化炭素は水と反応して炭酸水素イオン（HCO_3^-）になり，血液に効率よく溶解して肺まで運ばれることになる．

ところで，分光化学系列の最上位にある一酸化炭素 CO が存在すると，鉄錯体は CO と強く結合するため，酸素分子と結合することができなくなってヘモグロビンは酸素運搬機能を失う．したがって，CO は呼吸毒とよばれている．

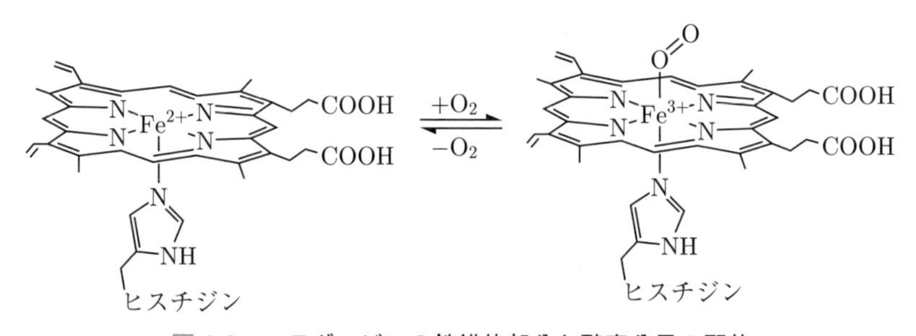

図 6.8　ヘモグロビンの鉄錯体部分と酸素分子の配位

6.3.2 配位結合の柔らかさと超分子の形成

分光化学系列のところで学んだように，金属イオンと配位子との結合は柔らかく，条件によっては溶液中で配位子が容易に置換される．それだけではなく，溶液中で金属イオンと配位子は結合したり，解離したりしている．この現象を利用して従来困難と思われていた様々な幾何学的構造をもつ**超分子**を形成することが可能になっている．代表的な例として超分子の**カテナン**がある．カテナン（catenane）とは，環状分子が鎖状に連結した化合物の総称であり，その語源はラテン語の catena（鎖）に由来している．カテナンの輪の間には直接の化学結合はないが，鎖の輪を外すことはできない．鎖が n 個連結された超分子は $[n]$ カテナンとよばれる．図 6.9 に Pd(II) 錯体による [2] カテナン構造の形成を示す．一般に Pd^{2+} イオンは平面四配位錯体を形成するが，配位能力の強いエチレンジアミン（$H_2N–C_2H_4–NH_2$: 略称 en）と 2 個の硝酸イオン（NO_3^-）を配位させた錯体 $[Pd(NO_3)_2(en)]$ と両端にピリジン環をもつ鎖状の配位子を混合することにより，[2] カテナン構造をもつ Pd(II) 錯体が形成される．このような手法により，様々なカテナン構造に代表される金属錯体の超分子が開発されている．

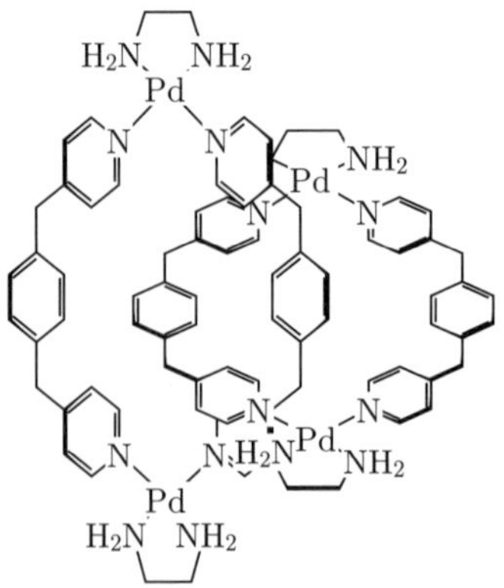

図 6.9 **Pd(II) 錯体によるカテナン構造の形成**
〔藤田誠，塩谷光彦 編著，『超分子金属錯体』，p.137，図 2.27，三共出版（2009）より作成〕

演 習 問 題

6.1 硫酸銅の水溶液にアンモニア水を滴下すると，淡青色から濃紺色に変化する．この現象を金属錯体における配位子の分光化学系列をキーワードにして説明せよ．

6.2 金属錯体における d 軌道は配位子からの静電場により d_{xy}, d_{yz}, d_{zx} 軌道のグループと $\mathrm{d}_{x^2-y^2}$, d_{z^2} 軌道のグループに分裂する．正八面体金属錯体では，d_{xy}, d_{yz}, d_{zx} 軌道のグループが基底状態になり，正四面体錯体では，$\mathrm{d}_{x^2-y^2}$, d_{z^2} 軌道のグループが基底状態になる．なぜ正八面体金属錯体と正四面体錯体で基底状態が逆転するか説明せよ．

第7章

原子・分子の集合体に働く力と状態

原子や分子が集合して集合体を形成する場合，気体，液体および固体の状態があるが，高温・高圧の条件下では，気体と液体の性質を併せもつ超臨界流体が気体と液体の境界に存在する．また長鎖有機分子の集合体の中には，液体と固体の性質を併せもつ液晶が液体と固体の境界に存在する．一方，集合体を形成する引力には，金属結合，共有結合，イオン結合および分子間力がある．本章では，原子や分子の集合体に働く力と物質の状態について学び，また気体と液体の境界に存在する超臨界流体とその応用，固体と液体の境界に位置する液晶とその応用について理解を深める．

7.1 集合体の凝集力

7.1.1 化学結合の性質を決める電気陰性度

原子や分子が集合して固体の集合体を形成するとき，いくつかの集合形態がある．例えば，Na などアルカリ元素の単体は価電子（s 軌道の電子）が 1 個しかなく，その価電子が原子から離脱して陽イオンになる傾向が他の族と比べて最も強い．離脱した電子は**自由電子**（伝導電子）として結晶全体に広がっている．この結合を**金属結合**とよび，その結晶は金属伝導を示す．一方，F などのハロゲン元素は結合の手が 1 本であり，2 原子で 1 分子を形成して 2 個の電子を共有し，各原子は貴ガスと同じ閉殻電子構造になる．分子は弱い分子間の引力によって集合し，**分子性結晶**を形成する．また，ケイ素（Si）などの 4 族元素の単体は結合の手が 4 本あり，三次元的に無限につながった**共有結合結晶**を形成する．一般に，元素の単体や化合物の集合体の形態や化学結合の性質は，価電子数と**電気陰性度**の値によって予測することができる．

同じ原子どうしが共有結合によって分子を形成する場合，結合に関与する電子は両方の原子が均等に共有している．また，異なる原子どうしが共有結合によって分子を形成する場合，一般に $A^{\delta+}B^{\delta-}$ のように電子の分布に偏りが生じ，$A^{\delta+}$ と $B^{\delta-}$ の間に静電的なクーロン引力が働くため，A–B 間の結合エネルギー（E_{AB}）は A–A 間の結合エネルギー（E_{AA}）と B–B 間の結合エネルギー（E_{BB}）の相加平均 $\frac{E_{AA}+E_{BB}}{2}$ よりも大きい．1932 年，ポーリング（L. Pauling）は共有結合に寄与する電子の偏りの指標を電気陰性度と名付け，それを数値化するため，下記の式を提案した．

$$E_{AB} - \frac{E_{AA} + E_{BB}}{2} = \Delta > 0,$$
$$\Delta = 23(\chi_A - \chi_B) \tag{7.1}$$

ここで χ_A および χ_B はそれぞれ原子 A および B の電気陰性度である．なお，$\Delta = 23(\chi_A - \chi_B)$ の係数 23 は，これまで蓄積されてきた原子間結合エネルギーの単位が $\mathrm{kcal\,mol^{-1}}$ であるため，eV の単位に換算（$1\,\mathrm{eV} = 23\,\mathrm{kcal\,mol^{-1}}$）するために導入された係数である．式 (7.1) では原子 A および B の電気陰性度の差

だけが Δ に寄与するので，χ_A および χ_B を決めることができない．そこでポーリングは炭素原子およびフッ素原子の電気陰性度をそれぞれ 2.5 および 4.0 とするように χ の値を定めた．ポーリングによる電気陰性度と周期律との関係を図 7.1 に示す．

一般に周期表の同一周期では右側に行くほど，同族では上にいくほど電気陰性度は大きくなり非金属的な傾向が強くなる．同一周期では，ハロゲン元素の電気陰性度が最も大きな値を示す．単体や複数の元素で構成される化合物の化学結合には，金属結合，共有結合およびイオン結合がある．物質の化学結合を理解するためには，構成要素である各元素の電気陰性度を把握することが必要である．例えば，2 種類の元素を構成要素とする化合物を対象に，図 7.2 の三角形の相図を作成してみる．この三角形は，横軸に電気陰性度，縦軸に化合物を構成する 2 種類の元素の電気陰性度の差である．したがって，底辺の右端は電気陰性度が

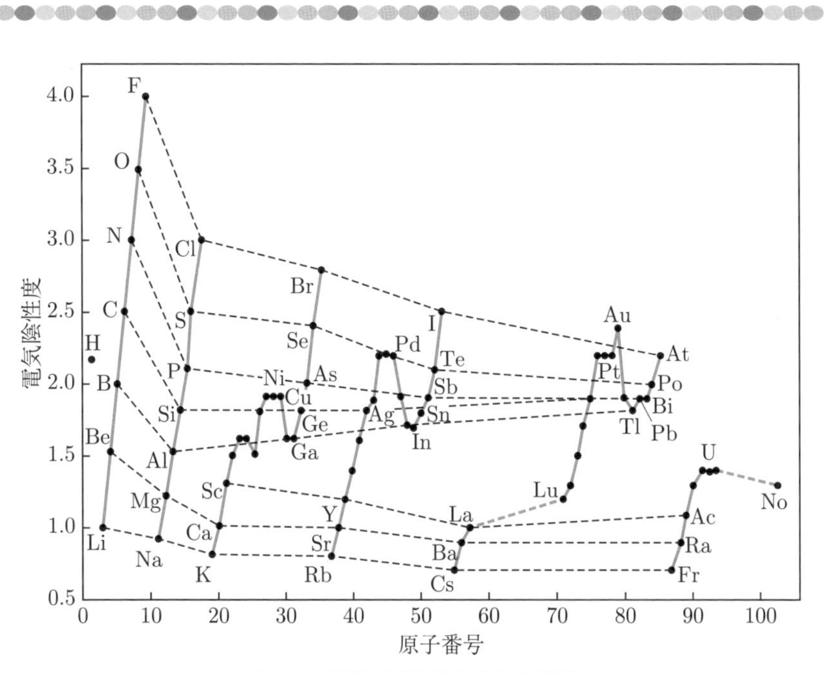

図 7.1　元素の電気陰性度と周期性

最も高いフッ素の値（4.0）であり，左端は電気陰性度が最も低いセシウムの値（0.79）になっている．最もイオン性の強いCsFの横軸の位置は平均電気陰性度（$\frac{4.0+0.79}{2}=2.40$）であり，縦軸の位置は電気陰性度の差（$4.0-0.79=3.21$）である．したがって，CsFが三角形の頂点になる．同様にして，イオン結晶であるNaClや$MgCl_2$の位置を求めることができる．このようにして2種類の元素からなる化合物の結合が金属結合か，イオン結合か，それとも共有結合に支配されているかを判定することができる．

ところで，金属結合結晶である金（Au）とセシウム（Cs）をルツボの中で溶融した後に取り出してみると，それは合金ではなくイオン結晶（Cs^+Au^-）になっている．この驚くべき不思議な現象を図7.2の三角形の中で理解してみよう．Auの電気陰性度は2.4であり，Csの電気陰性度は0.79であるから，平均電気陰性度が1.60であり，電気陰性度の差は1.61である．したがって，CsAuはイオン結合の領域に位置していることがわかる．

7.1.2　イオン結晶の格子エネルギーと水和エネルギー

イオン結晶を水に溶解させると，物質によっては発熱する場合もあれば，吸熱する場合もある．イオン結晶は水に溶解すると，陽イオンと陰イオンはそれぞれ分極した水分子に囲まれ，安定化する．この安定化エネルギーを**水和エネルギー**とよぶ．この現象を，NaClおよび$CaCl_2$を例にとって考えてみよう．図7.3はNaClおよび$CaCl_2$の**格子エネルギー**と水和エネルギーを示したものである．NaClの場合，格子エネルギー（$U=-788\,\mathrm{kJ\,mol^{-1}}$）に対して，$Na^+$(g)および$Cl^-$(g)の水和エネルギー（$\Delta H(\mathrm{Na^+})$, $\Delta H(\mathrm{Cl^-})$）の和は$(-406)+(-363)=-769\,\mathrm{kJ\,mol^{-1}}$となる．したがって，NaCl結晶を水に溶かすと，溶解熱が$(-769)-(-788)=+19\,\mathrm{kJ\,mol^{-1}}$で吸熱反応となり，水溶液が冷却される．0°Cの氷に食塩を混ぜると約−10°Cに冷却されるのはこのためである．一方，$CaCl_2$の場合，格子エネルギー（$U=-2{,}222\,\mathrm{kJ\,mol^{-1}}$）に対して，$Ca^+$ (g)および$2Cl^-$ (g)の水和エネルギー（$\Delta H(\mathrm{Ca^{2+}})$, $\Delta H(\mathrm{2Cl^-})$）の和は$(-1{,}577)+(-726)=-2{,}303\,\mathrm{kJ\,mol^{-1}}$となる．したがって，$CaCl_2$結晶を水に溶かすと，溶解熱が$(-2{,}303)-(-2{,}222)=-81\,\mathrm{kJ\,mol^{-1}}$で発熱反応となり，水溶液の温度が高くなる．道路の凍結を防ぐために道路に$CaCl_2$をまくのは，$CaCl_2$が発熱反応を示すためである．

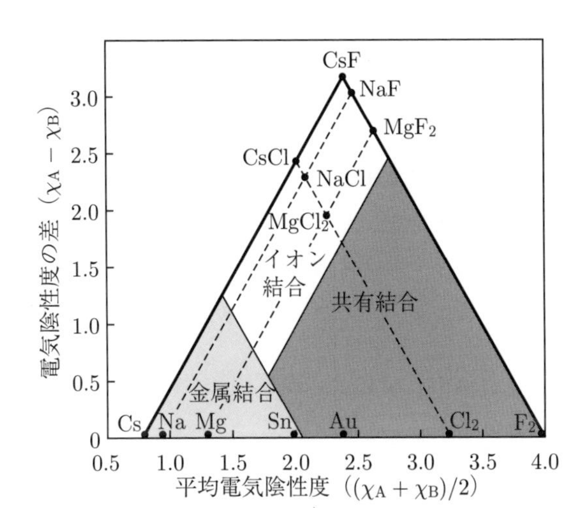

図 7.2 化合物の結合の性質を判定する三角形の相図

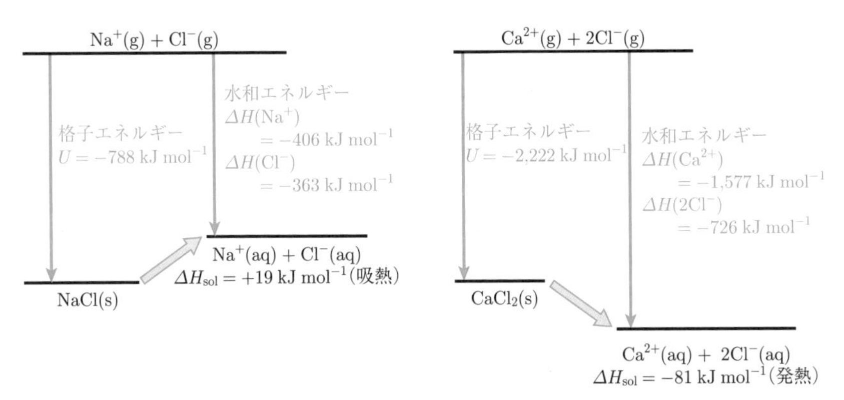

図 7.3 **NaCl** および $\mathbf{CaCl_2}$ における格子エネルギー，水和エネルギーおよび溶解熱

7.1.3 分子間力

中性の分子で $H^{\delta+}Cl^{\delta-}$ のように電気的に分極した分子は**電気双極子** $\mu\ (=e\delta l)$ をもつ．ここで e は電子の電荷素量，δ は部分電荷の値 $(0 \leqq \delta < 1)$，l は原子間距離である．電気的に分極した分子間には**双極子–双極子相互作用**が働く．双極子–双極子相互作用が働く系で，水素原子を含む場合，**水素結合**とよばれる．これは主に，電気陰性度が強くて小さな原子（N, O, F など）の非共有電子対と，電気陰性度の強い原子に結合している水素原子の間で生じるものである．水素結合は，水の強い表面張力や高い沸点，DNA の遺伝情報である塩基対の分子認識などに反映されている．表 7.1 に水素結合の代表的な例と結合エネルギーを示す．

水素結合の影響は分子集合体の融点や沸点にも現れる．図 7.4 は二元水素化物の沸点とその周期性を示したものである．14 族元素の水素化物（CH_4, SiH_4, GeH_4, SnH_4），15 族元素の水素化物（NH_3, PH_3, AsH_3, SbH_3），16 族元素の水素化物（H_2O, H_2S, H_2Se, H_2Te），17 族元素の水素化物（HF, HCl, HBr, HI）の沸点の周期性を眺めてみると，NH_3, H_2O, HF 以外の水素化物の沸点は分子量の増加とともに上昇している．ところが，分子量の小さな NH_3, H_2O, HF の沸点は同族元素の水素化物の周期性から大きく逸脱し，非常に高い沸点を示しているが，この高い沸点は水素結合を反映している．

ところで，He などの単原子分子やメタン（CH_4）などの無極性分子では，どのような引力が働くのであろうか．1930 年，ドイツのロンドン（F. London）は，極性のない分子間引力を次のように考えた．すなわち，無極性分子でも，瞬間を見れば電子雲の偏り（電子の分極）が存在しており，この瞬間の電子雲の偏りが無極性分子に瞬間的に双極子を生じさせる．これを**瞬間双極子**とよぶ．この瞬間双極子が相手の分子の電子雲を分極させて無極性分子に瞬間的に双極子を生じさせる．これを**誘起双極子**とよぶ．無極性分子間に働く引力は，1937 年にロンドンによって定式化され，**分散力**（**ロンドン力**）とよばれるようになった．分散力は電子雲の広がりの大きさ，分子中の原子数，分子の形状に依存している．表 7.2 に集合体の種類，凝集力の種類とその数値，代表的な物質とその融点を示す．

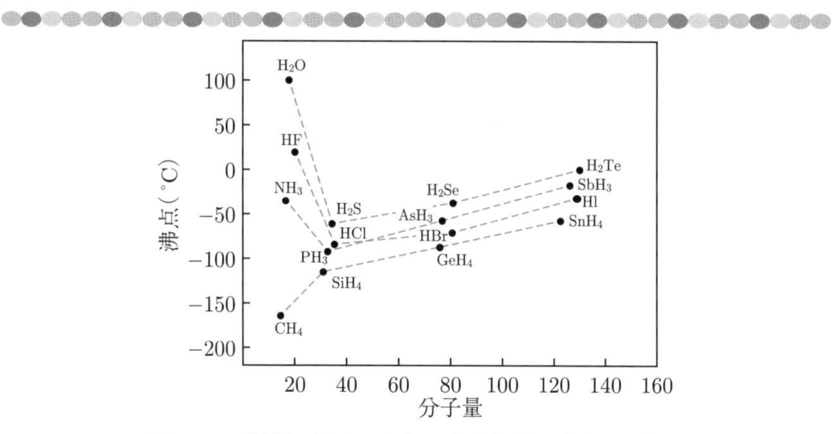

図 7.4 **2 種類の元素からなる水素化物の沸点と周期性**

表 7.1 水素結合の例とその結合エネルギー

水素結合 (A–H⋯B)	水素結合のエネルギー ($kJ\,mol^{-1}$)
O–H⋯O	21〜29
N–H⋯O	17〜29
O–H⋯N	〜21
N–H⋯N	〜8
F–H⋯F	〜33

表 7.2 集合体の種類，凝集力の種類とその値，代表的な物質とその融点

集合体の種類	凝集力	エネルギー ($kJ\,mol^{-1}$)	例	融点 (°C)
単原子分子，無極性分子の結晶	分散力（ロンドン力）	0.1〜40	Ar	−189
極性分子の結晶	双極子間の引力	5〜25	HCl	−114
水素結合を有する分子性結晶	水素結合	10〜50	H_2O	0
金属結晶	自由電子による金属結合	75〜1000	Cu	1085
共有結合結晶	共有結合	150〜500	Si	1414
イオン結晶	静電引力	400〜4000	NaCl	801

7.2 集合体の状態図

7.2.1 水の状態図と超臨界流体

物質には気体，液体および固体の相があり，それらの相の挙動は温度と圧力を変数とした**状態図**（phase diagram）で表すことができる．ここでは，水を例にして水の相図を眺めてみよう．図 7.5 は温度と圧力を変数とした水の状態図である．

図 7.5 において，気相と液相の境界線は**蒸気圧曲線**，気相と固相の境界線は**昇華曲線**，液相と固相の境界線は**融解曲線**とよばれる．融解曲線が左上がりになっているのが水の特徴である．このことは，氷を一定温度のもとで圧力を加えていくと，やがて液体になることを意味している．ほとんどの物質では融解曲線は右上がりであり，固体に圧力をかけても液体にはならない．3本の曲線が交わる点を**三重点**（triple point）とよび，その温度と圧力は物質固有の値である．なお，水の三重点は，$T = 0.01°\mathrm{C}$, $P = 611\,\mathrm{Pa}$ である．

密閉した容器の中で，蒸気圧曲線に沿って温度を上げていくと，液相の密度が減少し，気相の密度は増加していく．さらに温度を上げていくと，液相の密度と気相の密度が等しくなり，液体と気体の区別がつかなくなる状態になる．この状態を**臨界点**とよび，その温度と圧力は物質固有の値である．なお，水の臨界点は，

$$T = 374°\mathrm{C}, \quad P = 218\,\text{気圧（atm）}$$

であり，二酸化炭素の臨界点は，

$$T = 31°\mathrm{C}, \quad P = 73\,\text{気圧（atm）}$$

である．臨界点での温度および圧力をそれぞれ**臨界温度**および**臨界圧力**とよぶ．臨界温度以上および臨界圧力以上の状態は，**超臨界流体**（supercritical fluid）とよばれている．

コラム 7.1　二酸化炭素の超臨界流体とカフェイン抜きのコーヒー

超臨界流体は様々な物質を溶解する液体としての性質と物質の中に拡散していく気体の性質を併せもっている．特に二酸化炭素は臨界点が $T = 31°\mathrm{C}$, $P = 73$ 気圧（atm）で扱いやすく，また常温・常圧に戻すと気化することから超臨界流体が様々な用途に用いられている．ここでは，二酸化炭素の超臨界流体を利用してコーヒー豆からカフェインを抽出する仕組みを紹介する．

二酸化炭素の超臨界流体を用いてコーヒー豆から**カフェイン**を抽出する技術が確立するまでは，酢酸エチルなどの有機物が抽出溶媒として用いられてきた．しかしこの方法では，有機物がコーヒー豆に微量ながら付着してしまうため，より安全な方法が検討されてきた．水蒸気で柔らかくなったコーヒー豆に対して超臨界流体の二酸化炭素を用いると，コーヒー豆から容易にカフェインと水分を抜き取ることができる．現在では，二酸化炭素の超臨界流体はドライクリーニングの溶剤，石油の抽出，高分子の合成や分解などに利用されつつある．

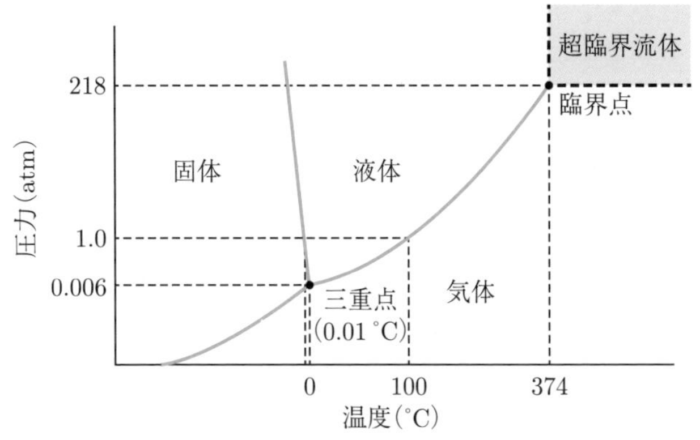

図 7.5　水の状態図（概略図）

7.2.2　液体と固体の境界にある物質：液晶

7.2.1 項では物質の状態図，および気相と液相の境界領域にある超臨界流体について学んだ．ここでは，固体と液体の境界領域に位置する**液晶**（liquid crystal）について学ぶ．細長い分子や平板状分子の集合体の中には，ある温度範囲で液体のような流動性がありながら集団として規則性のある配向を示す物質があり，液晶とよばれている．細長い分子の液晶には，長軸を平行にした秩序だけのある**ネマチック**（nematic）**液晶**や，分子の重心の位置に規則性が加わって層を形成している**スメクチック**（smectic）**液晶**などがある．また，長軸が平面に並び，配向した平面がらせん構造を形成する**コレステリック**（cholesteric）**液晶**がある．ネマチック液晶およびスメクチック液晶の模式図を図 7.6 に示す．

液晶の発見の歴史は古く，1888 年，オーストリアの生物学者のライニッツァー（F. Reinitzer）がコレステロールの研究を行っているなかで，液体と固体の性質を併せもつ相を発見したのが始まりである．その後，液晶の研究が急速に発展していったのは，室温で液晶を示す分子が開発され，ディスプレイなどの材料として注目されるようになった 1960 年代からであった．図 7.7 に，室温で液晶となる代表的な分子の構造を示す．図 7.7 の分子は末端に分極性の強い CN 基をもっているため，電圧を印加すると，図 7.8(a) のように電極の方向に長軸をそろえて配向し，透明になる．一方，図 7.8(b) のように電源を切ると分子の配向は無秩序になって光を散乱し，不透明になる．電圧の on-off による液晶の配向制御は液晶パネルや瞬間曇りガラスなどに広く応用されている．

コラム 7.2　粉末と液体の混合物がもつ不思議な性質

細かいデンプン粉や片栗粉に水を加えた混合物が，ゆっくり加えたせん断応力に対しては液体のようにふるまい，速いせん断応力に対しては，あたかも固体のようにふるまう性質がある．この現象は**ダイラタンシー**（dilatancy）とよばれ，この現象が起こる混合物はダイラタンシー流体とよばれている．この原理を利用すると，片栗粉に水を加えた流体の上を沈むことなく素早く走ることができる．

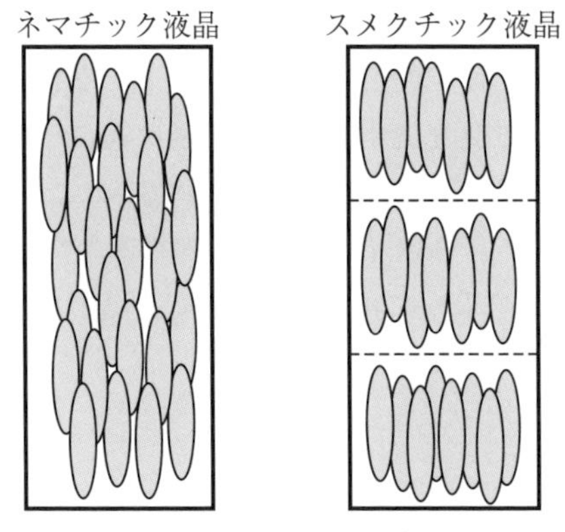

図 7.6　代表的な液晶であるネマチック液晶およびスメクチック液晶の構造の概略図

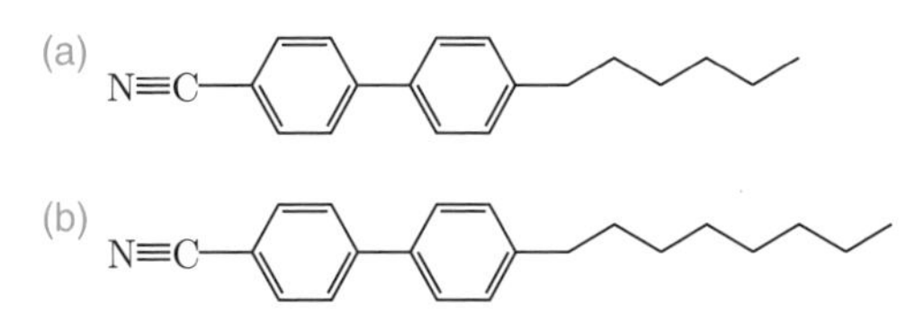

図 7.7　**(a)** 室温でネマチック液晶を示す分子，**(b)** 室温でスメクチック液晶を示す分子

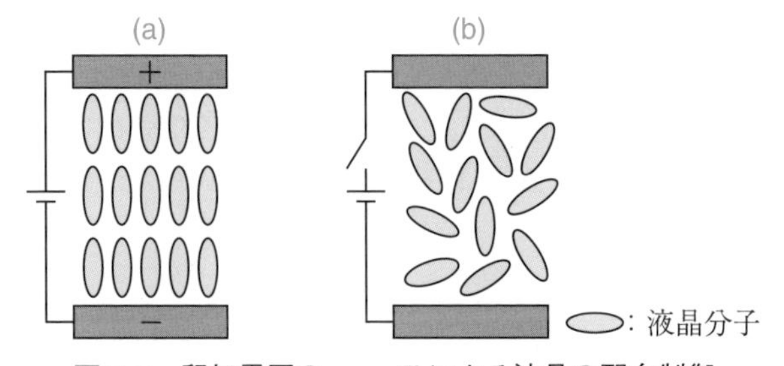

図 7.8　印加電圧の **on-off** による液晶の配向制御

7.3 集合体のエントロピー

原子や分子の集合体どうしを接触させると熱は熱い集合体から冷たい集合体に移動し，逆は起こらない．また，粒子Aの入った気体と粒子Bの入った気体を接触させると拡散して混合気体となるが，逆は起こらない．この現象は“無秩序の増大”や“**エントロピーの増大**”として説明されているが，1877年，オーストリアのボルツマン（L. Boltzmann）は，無秩序の状態数（W）とエントロピー（S）の関係を次式のように表した．ここでkはボルツマンが導入した定数（**ボルツマン定数**）であり，ln は自然対数である．

$$S = k \ln W \tag{7.2}$$

こうして，これまで漠然として正体不明であったエントロピーが，無秩序の状態数と関係付けられたのである．

ここで，熱は熱い集合体から冷たい集合体に移動し，逆は起こらないことを図7.9を例にとり，考察してみよう．いま，番号をつけた粒子が8個あり，エネルギーの高い熱い粒子が4個ある領域Aとエネルギーの低い冷たい粒子が4個ある領域Bに分け，その領域を接触させて熱の出入りができるものとする．この場合，領域Aと領域Bの総エネルギーは接触の前後で変わらない．図7.9はエネルギーの高い粒子4個の領域（A）とエネルギーの低い4個の粒子の領域（B）を接触させた場合のエネルギー移動の単位と等価なエネルギー移動の配置数の模式図である．この図からエネルギー移動が起こらない確率は1.4%にすぎず，熱い粒子の領域から冷たい粒子の領域へのエネルギー移動の確率が98.6%に達することを示している．エネルギー移動の単位，等価なエネルギー移動の配置数とその割合を表7.3に示す．図7.9では8個の粒子の場合を示したが，マクロな数の集団系でもこの現象は普遍である．

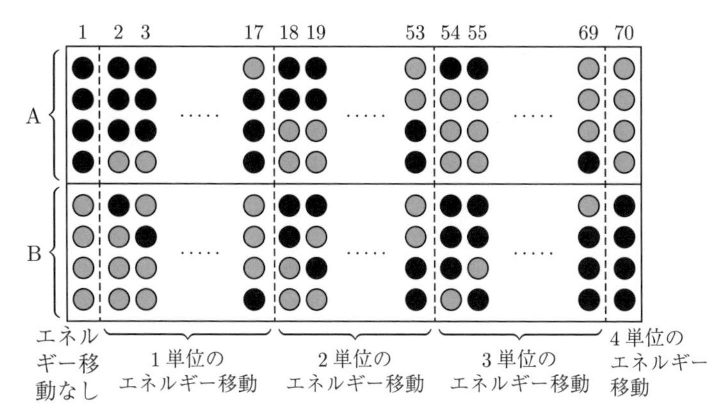

図 7.9　エネルギーの高い粒子 **4** 個の領域（**A**）とエネルギーの低い **4** 個の粒子の領域（**B**）を接触させた場合のエネルギー移動の単位と等価なエネルギー移動の配置数．黒丸および青丸はそれぞれエネルギーの高い粒子およびエネルギーの低い粒子を表す．

表 7.3　エネルギーの高い粒子 **4** 個の領域とエネルギーの低い粒子 **4** 個の領域を接触させた場合の，エネルギー移動の単位，等価なエネルギー移動の配置数とその割合

エネルギー移動の単位	等価なエネルギー移動の場合の数	エネルギー移動の確率 (%)
0	1	$\frac{1}{70} = 1.4\%$
1	16	$\frac{16}{70} = 22.9\%$
2	36	$\frac{36}{70} = 51.4\%$
3	16	$\frac{16}{70} = 22.9\%$
4	1	$\frac{1}{70} = 1.4\%$

演 習 問 題

7.1 金（Au）とセシウム（Cs）をルツボの中で溶融した後に取り出してみると，それは合金ではなくイオン結晶（$Cs^{+}Au^{-}$）になっているが，この理由を図 7.2 の三角形の中で理解することができる．これに関連して下記の問いに答えよ．

(1) 銀（Ag）とセシウムを溶融した後に取り出した化合物の性質を図 7.2 の三角形で判定せよ．なお，銀の電気陰性度は 1.93 であり，セシウムの電気陰性度は 0.79 である．

(2) 銅（Cu）とカリウム（K）を溶融した後に取り出した化合物の性質を図 7.2 の三角形で判定せよ．なお，銅の電気陰性度は 1.90 であり，カリウムの電気陰性度は 0.82 である．

7.2 高架鉄道ではマンションの傍を通過するとき，電車の窓が瞬間的に曇りガラスに変わり，マンションの傍を通り過ぎると透明なガラスに戻るような窓ガラスを採用している．この瞬間曇りガラスには，ガラスの層間に液晶フィルムが入っている．液晶を用いた瞬間曇りガラスの仕組みを説明せよ．

第8章

原子・分子の集合体で現れる諸現象

原子や分子が集合体を形成すると，構成要素である原子や分子に相互作用が働き，集合体特有の現象が現れる．分子性金属や超伝導，磁石，電池などが代表的な例である．本章では，原子や分子の集合体で現れる代表的な現象として，磁石の起源とその応用，電池の原理とその応用，超伝導の発見の歴史と最前線，超高圧などの外場で大きく変貌する分子集合体について学ぶ．

8.1 磁石の起源とその応用

物質を磁場の中に置いた場合，磁気的な分極（**磁気モーメント**）が生じるが，単位体積当たりの磁気モーメントを**磁化**とよぶ．弱い外部磁場のもとでは，磁化の値 M は外部磁場の大きさ H に比例しており，比例定数 χ を**磁化率**とよび，χ が正の場合を**常磁性**，負の場合を**反磁性**という．物質に**不対電子**が存在すれば常磁性が現れる．例えば，**有機ラジカル**や不対電子が存在する遷移金属錯体などが常磁性を示す．これに対し，不対電子をもたない閉殻電子構造の原子や分子に磁場をかけると，これを打ち消すように電子の軌道に誘導起電力が生じるため，物質は磁場に反発するような反磁性を示す．

8.1.1 反磁性の起源

反磁性はファラデー（M. Faraday）の**電磁誘導**によって生じる電子の軌道運動が起源である．原子や分子に磁場をかけると，環状の導体の場合と同じく，磁場を打ち消すように軌道に**誘導電流**が流れる．このとき，誘起される磁場は印加した磁場と逆向きなので，反磁性を示す．その原理図を 図 8.1 に示す．磁石を原子や分子に近づけると，原子核の周りを回る電子の軌道には外部磁場を打ち消すように**誘導起電力**が発生し，軌道に電子の流れが起こる．破線の矢印は誘導起電力によって生じた磁場を表す．電子の電荷は負であるため，電子の流れと電流は逆である．

8.1.2 常磁性の起源

電子は自転運動に相当する自由度があり，その自由度を**電子スピン**とよぶ．右回りの自転に相当する自由度を α **スピン**とよび↑で表し，左回りの自転に相当する自由度を β **スピン**とよび↓で表す．荷電粒子が自転すると，自転軸の方向に磁気モーメントが発生することからわかるように，電子は磁気モーメントをもっており，これが常磁性の起源であり，磁石のもつ磁気モーメントの最小単位になっている．電子の電荷が負であることから，自転に伴うスピンのベクトル $\boldsymbol{s}$ と磁気モーメント $\boldsymbol{\mu}$ は互いに逆向きである．図 8.2 に電子スピンのベクトルと磁気モーメントのベクトルの関係を示す．

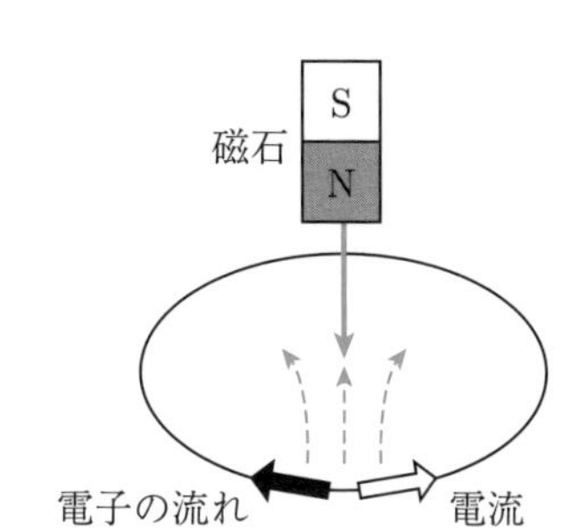

図 8.1　ファラデーの電磁誘導による反磁性の起源

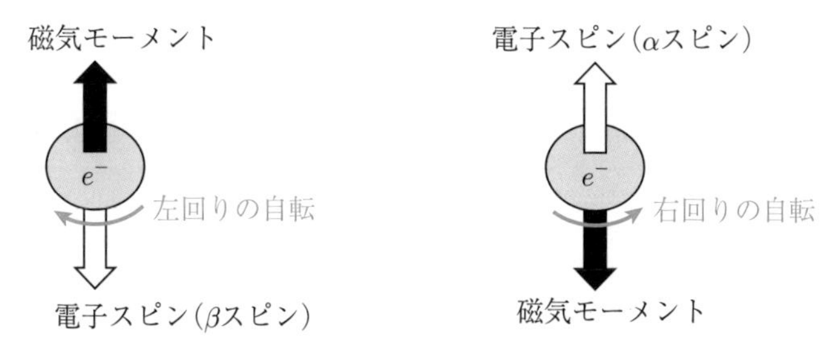

図 8.2　常磁性の起源である電子の内部自由度（スピン）と磁気モーメント

8.1.3 スピン整列状態

原子や分子が不対電子をもつ場合，一般に不対電子のスピン間には相互作用が働く．スピンの方向が無秩序である常磁性状態は温度を下げていくと，ついにはスピンが整列した状態になる．代表的なスピン整列状態には，下記に示す**強磁性**，**反強磁性**，**フェリ磁性**があり，その整列状態を図 8.3 に示す．

(1) **強磁性**：原子や分子がもつ不対電子のスピン間にスピンの向きを平行にする引力が働いており，そのスピンが同じ方向に向いたスピン整列状態の結晶は，磁場をかけなくても自発磁化をもっており，磁石として働く．このような結晶を強磁性体とよび，そのスピン整列状態を図 8.3(b) に示す．強磁性を示す物質の例としては，Fe, Co, Ni のような遷移金属や CrO_2 などの化合物がある．

(2) **反強磁性**：原子や分子がもつ不対電子のスピン間にスピンの向きを反平行にする引力が働いており，スピンが互いに反平行に向いたスピン整列状態の結晶を反強磁性体とよぶ．そのスピン整列状態を図 8.3(c) に示す．反強磁性の場合，結晶全体としての磁気モーメントはゼロになる．常磁性体は温度を下げていくと，多くの場合反強磁性体になる．反強磁性を示す物質の例としては，O_2 や MnF_2 などがある．

(3) **フェリ磁性**：異なる原子や分子による集合体において，それらの原子・分子がもつ不対電子のスピン間にスピンの向きを反平行にする引力が働いており，スピンが互いに反平行に向いたスピン整列状態を示す場合，互いの磁気モーメントの大きさが異なるため結晶全体として磁石として働く．このような結晶をフェリ磁性体とよぶ．そのスピン整列状態を図 8.3(d) に示す．フェリ磁性を示す物質の例としては，磁鉄鉱（Fe_3O_4）などがある．

室温以上で強磁性やフェリ磁性を示す物質は**永久磁石**として用いられるばかりでなく，情報の記録媒体として用いられている．これは，磁場をかけなくても電子スピンが整列して物質全体として磁気モーメントをもっているためであり，磁気モーメントの向きは上向きと下向きの自由度がある．この 2 通りの自由度は 2 進法の記録として用いられている．図 8.4 に磁石を利用した情報の**磁気メモリ**とその情報の読み出しの原理図を示す．読み出し用磁気ヘッドの弱い磁石の磁気モーメントは磁気メモリの磁気モーメントの向きに揃うため，この変化を電流の変化として読み出すことができる．

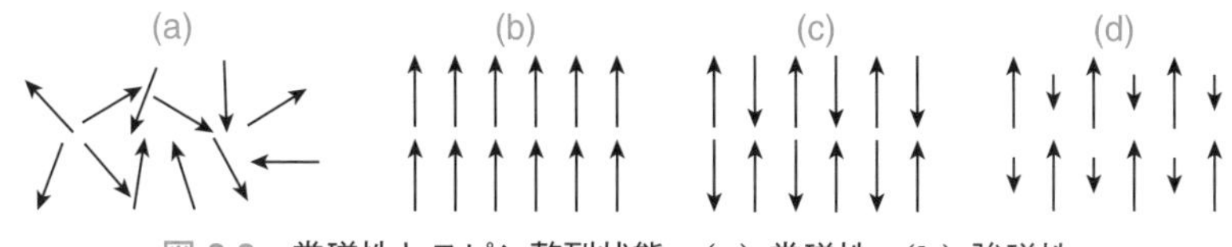

図 8.3　常磁性とスピン整列状態．(a) 常磁性，(b) 強磁性，(c) 反強磁性，(d) フェリ磁性．

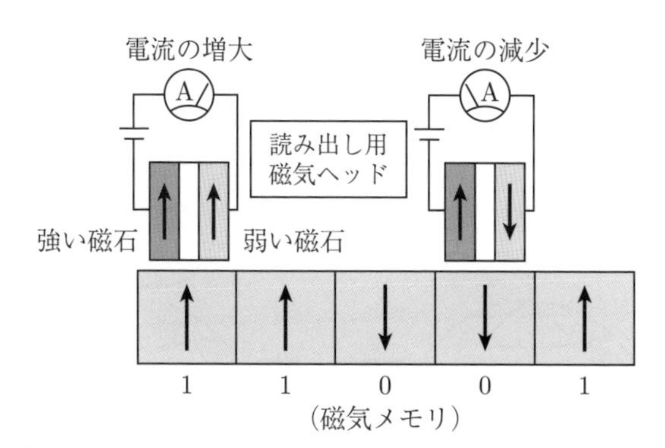

図 8.4　磁石を利用した情報の磁気メモリとその情報の読み出しの原理図

コラム 8.1 地磁気の逆転

外から磁場をかけなくても物質が磁化をもつ場合，その物質は磁石としてふるまう．ここでは磁鉄鉱（Fe_3O_4）などの酸化鉄が磁石としてふるまうことを利用して，今から数十万年前に地磁気の極が逆転していたことを発見した日本の科学者のことを紹介する．玄武岩などの溶岩が地表で固まるとき，溶岩に含まれている酸化鉄の微粒子は地磁気の方向を向いて固定化される．したがって，酸化鉄を含む地層には，古い時代の地磁気の方向が記録されていることになる．

1929 年，日本の地球物理学者の松山基範博士（1884–1958）は，溶岩が固まってできた火成岩に含まれる磁石（酸化鉄）の向きを調べ，約 70 万年以前の地球の磁場の向きが逆転していることを発見した．図 8.5 に松山博士が地磁気の逆転現象を発見した実験装置の概略図を示す．兵庫県の玄武洞から切り出した玄武岩の試料を球状の積木の中心に置き，その球を天井から吊るし，地磁気の方向に平行に配置した電磁石の中に置き，電磁石に電流を流して磁場を印加していく．すると，ある地層の試料では，磁場を印加すると，積木の球が 180° 回転する現象を発見したのである．発見当時，地磁気が逆転すると考えるのはあまりにも奇想天外と思われ，実験そのものに疑いがもたれた．しかし，寺田寅彦がその現象に関心をもち，寺田の推薦により 1929 年，日本学士院の紀要に地磁気の逆転に関する論文が掲載され，世界の地質学者の知るところとなった．

現在では，世界各地で古い時代に地磁気が逆転していたことが確認されている．

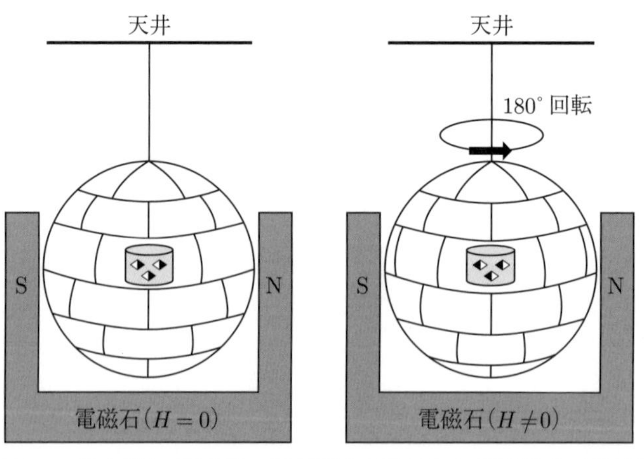

図 8.5 松山博士が地磁気の逆転現象を発見した実験装置の概略図

69 万年前から 243 万年前までの時期は，主に地磁気が逆転していた時期で「**松山期**」とよばれ，日本人の名前が地質年代の区分に採用されている．図 8.6 に地磁気の逆転した時期を示す．なお，地球の N 極と S 極が最後に逆転した痕跡が千葉県市原市の地層に現れているが，地磁気の逆転を示す地層として国際地質科学連合によって認定され，ラテン語で千葉時代を意味する「**チバニアン**（Chibanian）」と命名された．

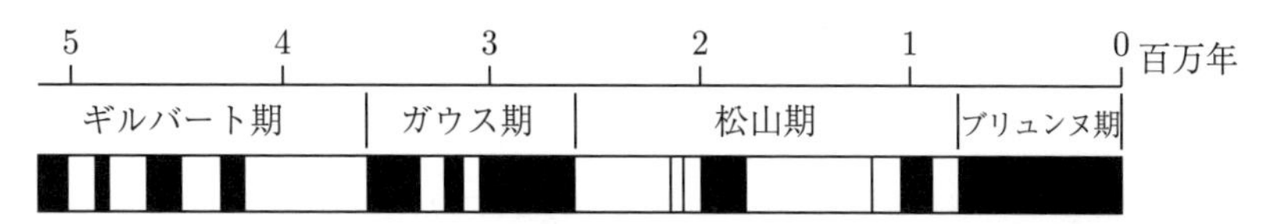

図 8.6　現在から約 500 万年前までの地磁気の極性．黒色の領域は地磁気の方向が現在と同じ時代であり，白色の領域は地磁気の方向が現在と逆の時代である．

8.2 電気化学系列と電池

8.2.1 電気化学系列と電池の起電力

金属の亜鉛を希塩酸に入れると水素ガスが発生し，亜鉛は溶解してイオン（Zn^{2+}）となる．ところが，金属の銅を希塩酸に入れても水素ガスは発生せず，銅は溶解しない．また，硫酸銅水溶液に鉄片を入れると，

$$Cu^{2+} + Fe \rightarrow Cu + Fe^{2+}$$

の反応が起こり，銅が析出する．これらの反応では，物質間で電子の授受が行われており，**酸化還元反応**とよばれる．還元（電子の供与性）の強さを金属の順番に並べた系列が**電気化学系列**（**イオン化傾向**）であり，主な金属の例を下記に示す．

$$Li > Na > Mg > Al > Zn > Pb > H_2 > Cu > Ag > Pt > Au$$

この電気化学系列は，図8.7に示す水素電極の起電力を基準（0 V）と定義し，金属の電極をその金属イオンの標準濃度溶液（$1.00\,\mathrm{mol\,L^{-1}}$）に入れた電極と水素電極間の電位差（**標準電極電位**あるいは**標準還元電位**という）の値で表すことができる．表8.1に代表的な金属の標準電極電位の値と**半電池反応式**を示す．表8.1では，負の大きな値ほど還元力が強いことを表しており，正の値を示すCu, Ag, Ptなどの金属が塩酸などの酸に溶けないことが理解できる．なお，標準電極電位は金属イオンの濃度や測定温度に依存する．

ここで，一つの金属をその金属イオンの溶液に入れたものを**半電池**（half cell）という．二つの半電池を導線でつなぐと，電位差があるため，電子の流れができ，動力としてエネルギーを取り出すことができる．電気化学における電極は**カソード**（cathode, 正極）と**アノード**（anode, 負極）とよぶが，これはファラデー（M. Faraday）によって命名された言葉である．すなわち，陽イオン（cation）が進む方向の電極がカソードであり，陰イオン（anion）が進む方向の電極がアノードである．酸化還元反応から眺めると下記のように表すことができる．

- カソード（正極）は還元反応（電子の獲得）が起こる電極
- アノード（負極）は酸化反応（電子の喪失）が起こる電極

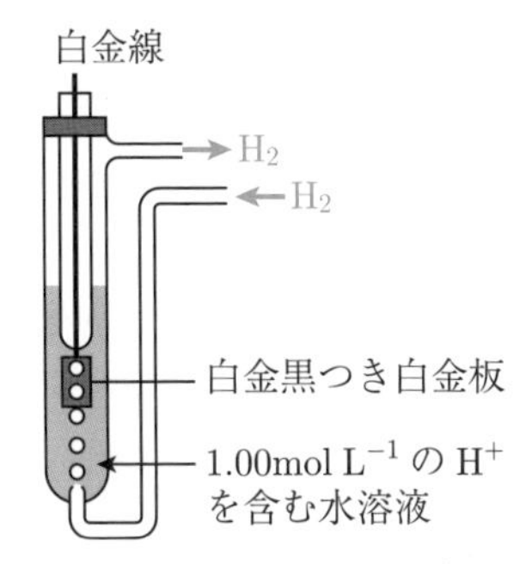

図 8.7　標準水素電極．半反応は，$\mathbf{2H^+ + 2e^- \rightleftharpoons H_2(g)}$

表 8.1　**25°C** における代表的な標準電極電位（標準還元電位）

電極	半電池反応	電位(V)
$Li^+ \mid Li$	$Li^+ + e^- \rightleftharpoons Li$	−3.05
$Na^+ \mid Na$	$Na^+ + e^- \rightleftharpoons Na$	−2.71
$Mg^{2+} \mid Mg$	$Mg^{2+} + 2e^- \rightleftharpoons Mg$	−2.37
$Al^{3+} \mid Al$	$Al^{3+} + 3e^- \rightleftharpoons Al$	−1.66
$Zn^{2+} \mid Zn$	$Zn^{2+} + 2e^- \rightleftharpoons Zn$	−0.76
$Pb^{2+} \mid Pb$	$Pb^{2+} + 2e^- \rightleftharpoons Pb$	−0.12
$H^+ \mid H_2, Pt$	$2H^+ + 2e^- \rightleftharpoons H_2$	0
$Cu^{2+} \mid Cu$	$Cu^{2+} + 2e^- \rightleftharpoons Cu$	+0.34
$Ag^+ \mid Ag$	$Ag^+ + e^- \rightleftharpoons Ag$	+0.80
$Pt^{2+} \mid Pt$	$Pt^{2} + 2e^- \rightleftharpoons Pt$	+1.20
$Au^{3+} \mid Au$	$Au^{3+} + 3e^- \rightleftharpoons Au$	+1.42

還元作用（強 ↑ 弱）
酸化作用（弱 ↓ 強）

電池において，電極がカソードになるかアノードになるかは相対的なものであり，電気化学系列で判定することができる．その例を下記に示す．

- **水素電極と銅電極**：カソードが銅電極となり，アノードが水素電極となる．
- **水素電極と亜鉛電極**：カソードが水素極となり，アノードが亜鉛電極となる．
- **銅電極と亜鉛電極**：カソードが銅極となり，アノードが亜鉛電極となる．

アノードでは，電極の金属が陽イオンとなって溶液中に放出され，電子が電極に残るためアノードは負に帯電する．一方，カソードでは陽イオンと電子が結合してカソードの一部になるため，正に帯電する．溶液の中に注目すると，アノードの周りではアノードから溶け出した陽イオンが電極を取り囲んでおり，その領域では電気的中性を保つために陰イオンが必要となる．一方，カソードの周りでは陰イオンが電極を取り囲んでおり，その領域では電気的中性を保つために陽イオンが必要となる．したがって，二つの電極を結ぶ導線に電流が流れるためには，二つの半電池の電解質溶液間でイオンの移動が不可欠となるが，電解質溶液間の**塩橋**がイオンの移動を可能としている（図 8.8）．塩橋は電池反応に関係しないイオンでできた塩の溶液で満たされた管であり，KCl や KNO_3 の水溶液がよく用いられる．塩橋の両端は多孔質の栓で塞がれており，塩橋の溶液は漏れ出さないが，両側の半電池とイオンを交換することができる．この塩橋がなければ，電気的中性を保つことができないため，二つの電極を結ぶ導線に電流が流れない．図 8.9 に亜鉛–銅電池の表し方を示す．

8.2.2 一次電池

異なる 2 種類の金属と電解液とを組み合わせると，起電力が生じて電気が流れる原理を 8.2.1 項で述べたが，この現象を最初に発見したのはイタリアの解剖学者であるガルヴァーニ（L. Galvani）であった．彼は 1780 年代，死んだカエルの筋肉に 2 種類の異なる金属棒の先端を当てると，筋肉が痙攣することを発見したが，1791 年に一連の研究を論文として発表し，電気化学に関する研究のきっかけとなった．

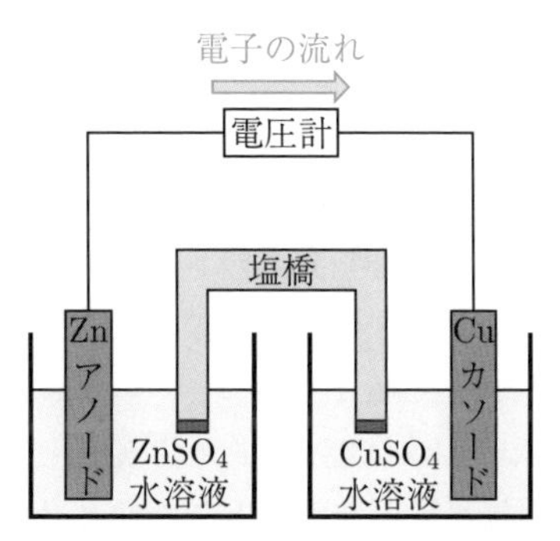

図 8.8　塩橋で結ばれた亜鉛–銅電池

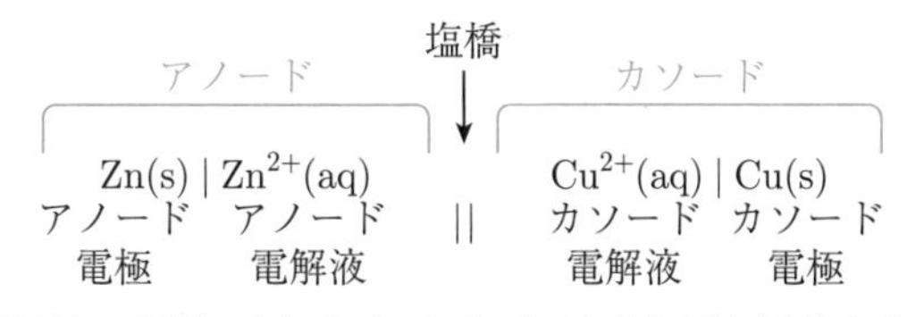

図 8.9　亜鉛–銅電池の表記．(s) および (aq) はそれぞれ固体および水溶液を表す．

■ボルタ電池

1800年，イタリアのボルタ（A. Volta）は，食塩水を浸み込ませた厚紙やフエルトなどを使い，これを亜鉛と銀の金属板の間にはさみ，何層にも積み重ねた電堆（電池）を作製し，定常的な電流が得られることを報告した．なお，電圧の単位であるボルト(V）はボルタの名前に由来している．ボルタは亜鉛と銀の組み合わせ以外にも様々な金属を組み合わせた電池を試み，また電池を直列に重ねて電圧を増幅させている．ボルタによって開発された**ボルタ電池**はすぐに化学反応に利用され，同年には英国のカーライル（A. Carlisle）とニコルソン（W. Nicholson）が初めて**水の電気分解**に成功している．また，水の電気分解の成功に刺激を受けた英国のデービー（H. Davy）は1807年，ボルタ電池を用いて溶融状態の水酸化カリウム（KOH）からカリウム（K）の単離に成功した．彼は同年，溶融塩からナトリウム（Na），カルシウム（Ca），ストロンチウム（Sr），バリウム（Ba），マグネシウム（Mg）を次々と発見している．

このようにボルタ電池は科学の進展に大きな波及効果を与えたが，実用面で難点があった．亜鉛と銅の電極を希硫酸に浸したボルタ電池を例にとると，カソードである銅の電極では，水素イオンが還元されて水素が発生し，その気泡がカソードを被覆してしまうため，電圧が急激に低下してしまう．

コラム 8.2　電気化学系列を利用した銀錆の除去

光沢のある銀は様々な宝飾品に用いられているが，空気中に漂っている微量の硫化水素（H_2S）と反応して硫化銀（Ag_2S）が生成するため，そのまま放置すると次第に光沢が失われていく．このような場合，電気化学系列の上位にあるアルミニウムと接触させると，Ag^+ は還元されて Ag となり光沢が復活し，Al は酸化されて Al^{3+} となる．具体的には，水で薄めた洗剤（界面活性剤）を入れた容器の底にアルミホイルで包んだ銀製品を浸す．しばらくして銀製品を取り出し，水で洗えば光沢のある美しい銀製品が復活する．

■ダニエル電池

1836年，英国のダニエル（F. Daniell）はボルタ電池の難点である水素発生による電圧の低下を克服するため，電解液を入れる部分に素焼き板など多孔質の仕切り版を取り付け，亜鉛電極（アノード）側には硫酸亜鉛水溶液を用い，銅電極（カソード）側には硫酸銅水溶液を用いた．このような工夫により，カソード側では還元されるのは水素イオンではなく銅イオンとなるため，水素が発生することを防ぎ，電圧の低下が起こらなくなった．このことは，現在では，水素電極の電位（0 V）が銅電極の電位（+0.34 V）よりも低いことから理解できる（表8.1参照）．**ダニエル電池**において，素焼きの仕切り板は塩橋の役割を果たしている．図8.10にダニエル電池の模式図を示す．なお，日本に電池がもたらされたのは，ペリー来航（1853）の際，幕府にダニエル電池が献上されたのが最初とされており，その後，佐久間象山がダニエル電池を作製したとされている．

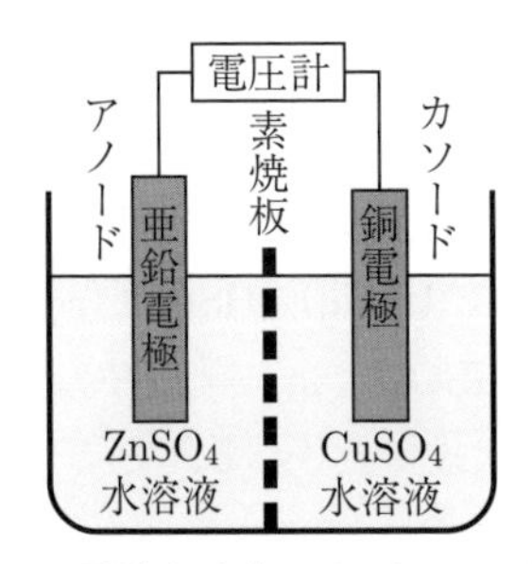

図8.10　ボルタ電池を改良したダニエル電池の模式図

■乾電池

乾電池(dry cell)の起源は，1866年にフランスのルクランシェ(G. Leclanché)が開発した電池に遡ることができる．彼は亜鉛をアノード，二酸化マンガン(MnO_2)をカソード，電解液に塩化アンモニウム(NH_4Cl)を用い，出力1.5Vの電池（ルクランシェ電池）を開発した．これが現在のマンガン電池の起源である．1886年には，ドイツのガスナー（C. Gassner）が電解液を石膏で固めてこぼれないようにして携帯に便利な電池を作製した．これが乾電池の始まりである．なお同時期，デンマークのヘレンセン（W.F.L. Hellensens）や日本の屋井先蔵も独自にルクランシェ電池を改良した**マンガン乾電池**を作製し，現在普及しているマンガン乾電池の原型となった．表8.2は，様々な一次電池を示したものである．

8.2.3 二次電池

放電と充電を繰り返して用いることのできる電池が**二次電池**（蓄電池）である．1860年，フランスのプランテ（G. Plante）は**鉛蓄電池**を発明したが，この発明が二次電池の先駆けとなり，鉛蓄電池は現在も広く用いられている．鉛蓄電池では，鉛板がアノード，酸化鉛(PbO_2)で被覆した板がカソードとして用いられ，電解質は希硫酸である．鉛蓄電池の電圧は2.0Vであるが，自動車のエンジンを始動するために使われる鉛蓄電池は，通常6個の電池が直列にがれており，12Vの蓄電池になっている．図8.11は現在用いられている鉛蓄電池の模式図である．

鉛蓄電池が放電するときの電極反応は次式で表される．

カソード：$PbO_2(s)+3H^+(aq)+HSO_4{}^-(aq)+2e^- \rightarrow PbSO_4(s)+2H_2O$

アノード：$Pb(s) + HSO_4{}^-(aq) \rightarrow PbSO_4(s) + H^+(aq) + 2e^-$

再充電のときの電極反応は次式で表される．

$$2PbSO_4(s) + 2H_2O \rightarrow PbO_2(s) + Pb(s) + 2H^+(aq) + 2HSO_4{}^-(aq)$$

現在，様々な二次電池が開発されているが，代表的な二次電池を表8.3に示す．特に，吉野彰博士（2019年ノーベル化学賞）が開発した**リチウムイオン二次電池**（LIB: Lithium-ion battery）は出力電圧が3.6Vと高く，様々な電子機器に用いられている．ここで吉野彰博士が開発したリチウムイオン電池の概略を説明しておく．$LiCoO_2$（コバルト酸リチウム）およびグラファイト（黒鉛）

は層状構造をとり，Li イオンが層間に侵入しやすい性質がある．このようにして，吉野博士は，$LiCoO_2$ をカソード，グラファイトをアノード，リチウムイオンを通しやすい電解質を用いることにより，高い出力電圧をもつリチウムイオン二次電池を開発することに成功した．電極反応を下記に示す．

カソード：$LiCoO_2 \rightleftharpoons Li_{1-x}CoO_2 + xLi^+ + xe^-$

アノード：$xLi^+ + xe^- + C$（グラファイト）$\rightleftharpoons Li_xC$

表 8.2　様々な一次電池

電池の名称	カソード	アノード	電解質	電圧（V）
マンガン乾電池	MnO_2, C	Zn	NH_4Cl, $ZnCl_2$ 水溶液	1.5
アルカリ乾電池	MnO_2, C	Zn	KOH 水溶液	1.5
酸化銀乾電池	Ag_2O	Zn	KOH 水溶液	1.6
リチウム乾電池	MnO_2	Li	有機電解質	3.0

表 8.3　様々な二次電池

電池の名称	カソード	アノード	電解質	電圧（V）
鉛蓄電池	PbO_2	Pb	H_2SO_4	2.0
ニッケル–カドミウム電池	NiO(OH)	Cd	KOH	1.2
リチウムイオン電池	Li_xCoO_2	LiC_6	$LiBF_4$ など	3.6

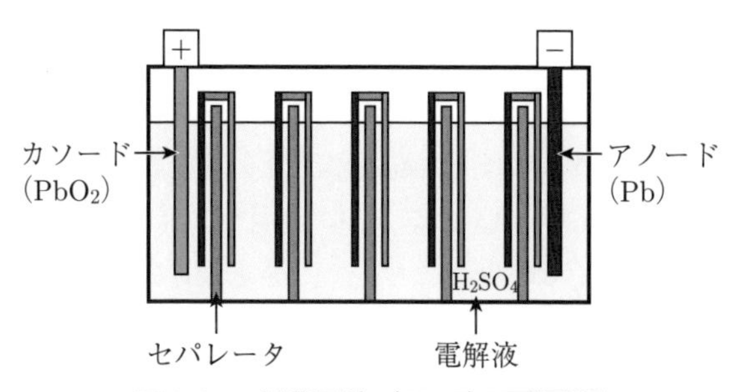

図 8.11　鉛蓄電池（12 V）の模式図

ここで → は充電反応を表し，← は放電反応を表している．充電されていない状態では，グラファイトの層間には Li^+ は存在しない．充電を行うと，Li^+ は $LiCoO_2$ から外れ，電解質中を移動してグラファイトの層間に侵入する．電池が放電すると，グラファイトの層間にあった Li^+ は電解質を経由して酸化コバルトに戻る．一方，電子はアノードから外部回路を経てカソードの電極に移動する．

将来の課題としては，イオンを高速に移動する固体電解質（超イオン伝導体）を用いることによる安全で高速充電が可能な**全固体二次電池**の開発が進められている．また，希少金属（レアメタル）であるリチウムイオンに替わるナトリウムイオン電池やマグネシウムイオン電池の開発が進められている．

8.2.4 燃料電池

燃料電池は環境にやさしい電源として期待されている電池である．燃料電池の歴史は古く，1839年に英国のグローブ（W.R. Grove）は，気体の酸素と水素を電極として電気を取り出すことに成功し，気体ボルタ電池と名付けた．この燃料電池の仕組みは，水の電気分解とは逆に，燃料の水素と空気中の酸素を電気化学的に反応させ，反応エネルギーを電気エネルギーに変換したものであり，電極反応は下記の通りである．

カソード：$\frac{1}{2}O_2 + 2H^+ + 2e^- \rightarrow H_2O$

アノード：$H_2 \rightarrow 2H^+ + 2e^-$

標準水素電極の電位を基準にすると，酸素ガスの電極の電位は +1.23 V であることから，取り出せる電圧の上限は 1.23 V である．水素と酸素を用いた燃料電池の模式図を図 8.12 に示す．

グローブによって発明された燃料電池の原理を実用的なレベルに引き上げたのは英国のベーコン（F.T. Bacon）であった．ベーコンらは，1959年，シート状の燃料電池を数百層積み重ね，大電圧の出力を得ることに成功し，1960年代のアメリカ航空宇宙局（NASA）のジェミニ計画やアポロ計画の宇宙船の電源として用いられた．宇宙船での生活において，発電後に副産物として生成される水が利用できることは，重要であった．現在では，環境に負荷のかからない電源として，様々な方式の燃料電池が開発されている．

コラム 8.3 バグダッドの電池—現存する世界最古の電池

ガモフ（G. Gamow）の著書『ガモフ全集 2—太陽の誕生と死』によると，イラク博物館のドイツ人考古学者ケーニッヒ（W. König）が，イラクの首都バグダッドの近郊にある古代ペルシア帝国（パルティア王朝：BC 247〜AD 224）の遺跡から 10 cm 程度の花瓶のような壺を発掘したが，その壺の中には，銅製の円筒が固着されており，またアスファルトの蓋を貫いて鉄の棒が挿入されていた．しかも銅の円筒や鉄の棒は酸で腐食していた．この壺は約 2000 年前頃に作製された世界最古の電池と考えられており，**バグダッド電池**とよばれている．

この中の電解液は不明であるが，この壺を複製し，酢などの酸性溶液に浸すと電流が発生することが確かめられており，金メッキや銀メッキに用いられたものと考えられている．

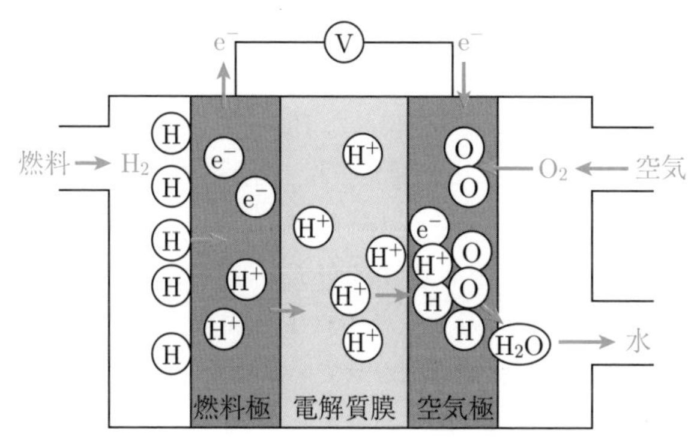

図 8.12 燃料電池の模式図

8.3 超 伝 導

超伝導は原子・分子集合体が示す現象であり，超伝導を示す線材で作製された超伝導コイルに電流を流すと，電流は永久に流れ続けるため，省エネルギーのマグネットとして利用されている．リニア新幹線では，車体に超伝導マグネットが搭載されおり，車体を浮かせている．このように超伝導の現象は，原子・分子集合体が示す現象の中で最も魅力的な現象の一つである．実用化されている超伝導の線材は，超伝導転移温度が極低温であるため，高い転移温度を示す超伝導物質の開発が望まれている．

1911年，世界で最初にヘリウムの液化に成功したオランダのオネス（H. Kamerlingh Onnes）は，液体ヘリウム（沸点：4.2 K）を用いて水銀の電気伝導度を調べていると，$T = 4.2\,\mathrm{K}$ で電気抵抗がゼロになる現象を発見し，磁場を加えると超伝導が消失することも発見した．これが超伝導現象の最初の発見であり，オネスは1913年，ヘリウムの液化と超伝導現象の発見によりノーベル物理学賞を受賞している．水銀の超伝導が発見されて以降，超伝導の探索は主に金属や金属間化合物が中心であったが，1980年，有機化合物 $(TMTSF)_2(PF_6)$ が超伝導を示すことが発見され，世界を驚かせた．図 8.13 に TMTSF の分子構造を示す．

1986年には，超伝導が発現するとは考えられなかった絶縁体である La_2CuO_4 に対して，La^{3+} を Ba^{2+} に一部置換した $Ba_{0.75}La_{1.25}CuO_4$ が最高の超伝導転移温度（$T_C = 35\,\mathrm{K}$）を示すことが発見され，超伝導フィーバーの発端となった．銅酸化物では，現在のところ $T_C = 164\,\mathrm{K}$ が最高である．また，2015年には約200万気圧（200 GPa）の高圧下で H_3S が $T_C = 203\,\mathrm{K}$ の超伝導を示し，さらに2019年には LaH_{10} が約190万気圧（190 GPa）の高圧下で $T_C = 260\,\mathrm{K}$ の超伝導を示すことが発見され，世界を驚かせている．図 8.14 に超伝導体の発見と転移温度上昇の歴史を示す．

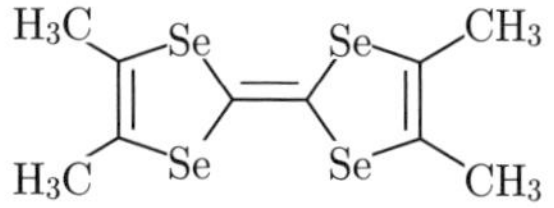

H_3C Se Se CH_3
H_3C Se Se CH_3

図 8.13 **TMTSF** の分子構造

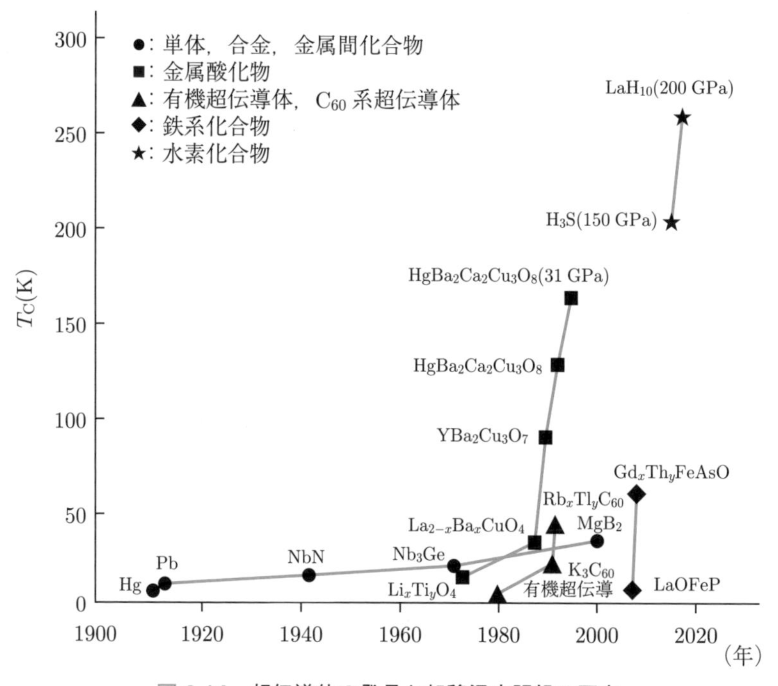

図 8.14 超伝導体の発見と転移温度記録の歴史

8.4 外場で変貌する分子集合体

圧力や温度などが常温常圧から離れた極端条件のもとでは，物質の化学的性質や物理的性質が大きく変貌する．ここでは，代表的な例として，分子性結晶で絶縁体のヨウ素単体が高圧下で金属となり，極低温で超伝導体になる現象を紹介する．図 8.15(a) に分子性結晶であるヨウ素が圧力の増加とともに金属伝導性を示す結晶構造に変化していく様子を示す．X 線の波長は，結晶の原子間距離と同程度であるため，X 線回折実験によって結晶構造を決めることができる．また，X 線の回折は電子によって起こるため，精密な X 線回折実験によって電子雲の分布を知ることができる．図 8.15(b) は，ヨウ素単体の結晶に圧力をかけて，ヨウ素原子の周りの電子雲が変化していく様子を示したものである．球状の部分はヨウ素原子を表し，等高線は電子密度を表している．0.1 MPa（1 気圧）では，最外殻電子の 5p 電子は共有電子対として分子内に局在している．圧力を 7.4 GPa（7.4 万気圧），15.3 GPa まで加えていくと，分子内の共有結合に関与している価電子が分子間に浸み出し，電子雲の重なりによる化学結合が分子間にも形成されていく様子がわかる．さらに圧力を加えていくと，21 GPa で分子内の結合と分子間の結合が等しくなる．このような現象を**圧力誘起分子解離**とよんでいる．圧力誘起分子解離を起こしたヨウ素は金属伝導性を示し，28 GPa の圧力下では 1.3 K で超伝導体となる．ヨウ素のみならず酸素（O_2），硫黄（S_8），臭素（Br_2），リン（P_4）などの分子性結晶も超高圧下では分子内の結合と分子間の結合が等しくなって金属となり，極低温で超伝導体になる．

このように，わたしたちが眺めている日常の物質の性質は，常温常圧という 1 点における性質にすぎないのである．

演 習 問 題

8.1　情報の記録媒体の一つとして磁石が用いられているが，その仕組みを説明せよ．

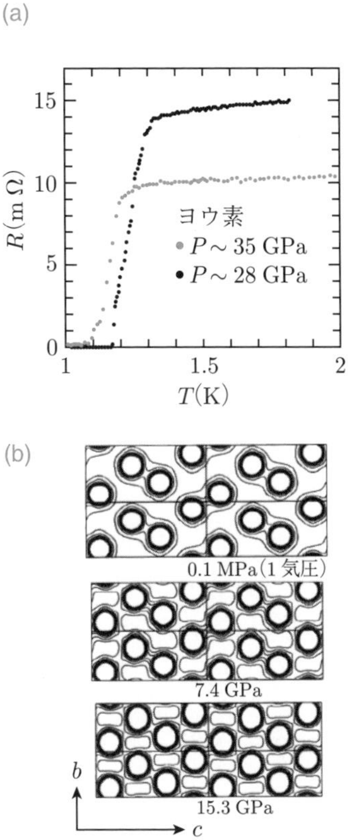

(a)

(b)

図 8.15 **(a) 高圧下におけるヨウ素単体の超伝導転移.**

〔出典：天谷喜一，石塚守ほか，固体物理，Vol.28, No.7, p.441，第 12 図，アグネ技術センター（1993)〕，

(b) ヨウ素単体における電子雲の分布の圧力変化.

〔出典：藤久裕司ほか，高圧力の科学と技術，Vol.5, No.3, p.160, Fig.7，日本高圧力学会（1996)〕

第9章

生　化　学

地球上で生命が誕生したのは約三十数億年前と推定されているが，生命が誕生する前に，生命体を構成するアミノ酸，核酸の構成要素である塩基や糖，金属タンパク質の成分であるポルフィリンなどが自然界で誕生したと考えられている．実際，原始の大気成分やエネルギー供給源の条件を変える実験が行われた結果，タンパク質を構成するほとんどのアミノ酸，核酸の成分である塩基や糖，多くの有機酸やポルフィリンが生命体の働きなしに生成することが確認されている．本章では，生命体の構成要素であるタンパク質や核酸（DNA および RNA），生態系のエネルギーを生み出す ATP の働き，核酸の遺伝情報（塩基配列）とタンパク質のアミノ酸配列との結びつき（遺伝暗号）などについて学ぶ．

9.1 生命の起源となる分子の誕生

地球上で生命が誕生したのは約三十数億年前と推定されているが，誕生する前に，生命体を構成する20種類のアミノ酸，核酸の構成要素である塩基や糖，金属タンパク質の成分であるポルフィリンなどが必要である．これらの分子が生命の働き無しにどのようにして生成したのであろうか．1950年代，米国のミラー（S.L. Miller）はこの疑問を解くため，原始の地球の大気の主成分を還元雰囲気のメタン，アンモニア，水素，水とし，エネルギー源として雷を想定して火花放電を行い，複数のアミノ酸が生成することを発見した（**ミラーの実験**）.

その後，原始地球の大気は，ミラーが想定した還元雰囲気ではなく，二酸化炭素，一酸化炭素，窒素，水蒸気が主成分であると想定される．このことから，原始の大気成分やエネルギー供給源の条件を変える実験が行われた結果，タンパク質を構成するほとんどのアミノ酸，核酸の成分である塩基や糖，多くの有機酸やポルフィリンが生成することが確認されている．また，頻繁に起こる隕石の衝突による高いエネルギーの供給や熱水鉱床付近での高いエネルギーの供給とミネラルの供給も重なり，生命の誕生に必要な様々な分子が合成されたと考えられている.

9.1.1 アミノ酸とタンパク質

アミノ酸は，**カルボキシ基**（–COOH）と**アミノ基**（$-NH_2$）の両方を含む化合物である．アミノ酸を分類する際，カルボキシ基の炭素原子をα位，その隣の炭素原子をβ位，第二近接の炭素原子をγ位とよぶ．さらにα位，β位，γ位の炭素原子にアミノ基が結合したものを，それぞれ**α–アミノ酸**，**β–アミノ酸**，**γ–アミノ酸**とよんでいる．多くのタイプのアミノ酸が知られているが，生体のアミノ酸はα–アミノ酸であり，その種類は20種に限定されているが，この20種のアミノ酸から数百万種類におよぶタンパク質が形成されている．アミノ酸のカルボキシ基とアミノ基から**脱水縮合**により2個のアミノ酸を結合することができ，この結合を**アミド結合**とよぶ．アミド結合部分は二重結合性をもっているため平面構造（**アミド平面**）を形成している．このため，アミノ酸の重合体である**タンパク質**の主鎖は，自由に曲がることができない．図 9.1 にアミノ酸の脱水縮合によるアミド結合の形成を示す．一般に20個以上のアミノ酸の重合体は**ポリペプチド**とよばれ，約 40 個以上のアミノ酸の重合体はタンパク質とよばれる．ポリペプチドの末端はアミノ基とカルボキシ基になっており，このことを利用してアミノ酸の配列（**一次構造**という）を知ることができる．例えば，末端のアミノ基に反応して末端のアミノ酸が分離する化学反応が知られているが，この反応を利用すると末端から順次アミノ酸を分離することができる．特筆すべきことは，英国のサンガー（F. Sanger）はタンパク質のアミノ酸配列の分析法を開発し，すい臓から分泌されるインスリンのアミノ酸配列を決定した業績で 1958 年にノーベル化学賞を受賞した．その後，DNA の塩基対配列の分析法を開発してヒトのミトコンドリア DNA の塩基対配列を決定した功績により，1980 年に二度目のノーベル化学賞を受賞している．現在では，タンパク質のアミノ酸配列は，アミノ酸自動分析装置（**タンパク質シークエンサー**），DNA の塩基対配列の分析には **DNA シークエンサー**が用いられている．

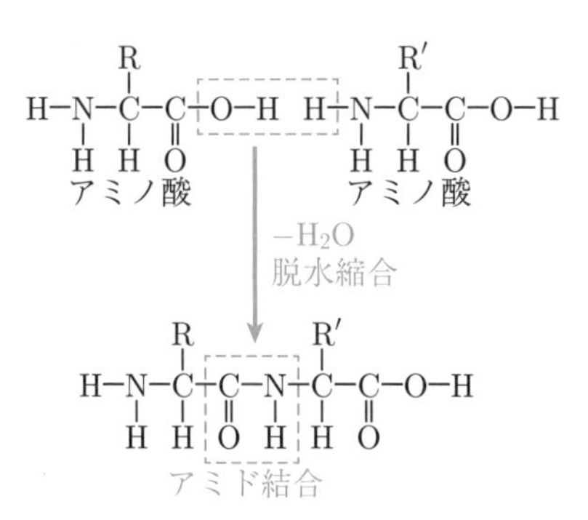

図 9.1　アミノ酸の脱水縮合によるアミド結合の形成

ポリペプチドまたはタンパク質において，一つのアミド結合の水素原子と別のアミド結合の C=O の間は水素結合で結ばれ，図 9.2 に示す **α ヘリックス構造**と **β プリーツシート構造**が安定な二次構造として形成される．タンパク質の一般的な作図法では，α ヘリックス構造がらせん状のリボンで表現され，β プリーツシート構造が細長い平板で表現され，それらをつなぐアミノ酸配列は紐で表現されている．

9.1.2 ポルフィリンの誕生と様々な金属タンパク質

生命が誕生する以前に**ポルフィリン**は原始地球の環境下で誕生していたことを本節の冒頭で述べたが，このポルフィリンは様々な金属イオンを取り込むことができ，**ポルフィリン金属錯体**はタンパク質と結合して様々な酵素を生み出している．図 9.3 にポルフィリン骨格の分子構造とヘム鉄 (III) 錯体の分子構造を示す．よく知られている現象として，傷口を消毒するのに過酸化水素水（H_2O_2）が用いられる．これはヘム鉄 (III) 錯体とタンパク質が結合した酵素（**カタラーゼ**）の触媒作用により過酸化水素を分解して水と酸素が発生し，この酸素が殺菌効果を示すのである．過酸化水素を水と酸素に分解する触媒作用は鉄 (III) 錯体 $[Fe(H_2O)_6]^{3+}$ にもあるが，この触媒活性能力を 1 とすると，ポルフィリン鉄 (III) 錯体の触媒活性比は 10^3 となり，さらにカタラーゼでは触媒活性比は 10^{10} となる．このようにして生命体は，ポルフィリンを用いて様々な金属イオンを取り込み，高度な酵素触媒を獲得していった．例えば，光合成に必要な**クロロフィル**の中心骨格は，ポルフィリン環がマグネシウムイオンを取り込んだ錯体であり，**ビタミン $\mathbf{B_{12}}$** の中心骨格は，ポルフィリン環がコバルトイオンを取り込んだ錯体である．

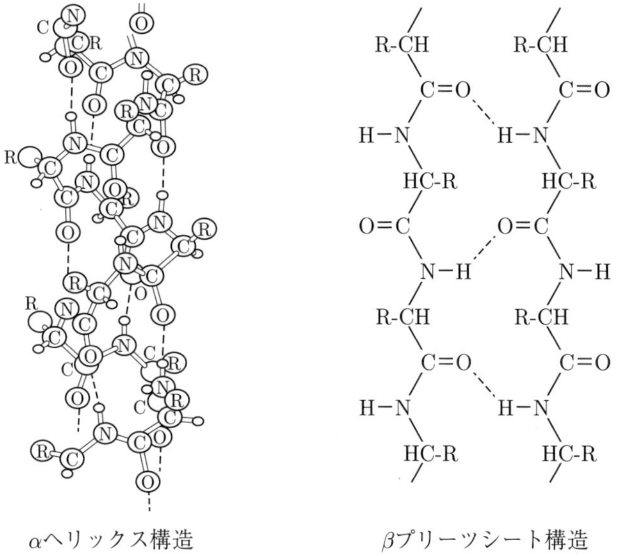

αヘリックス構造　　βプリーツシート構造

図 9.2　ポリペプチドの二次構造：α ヘリックス構造と β プリーツシート構造

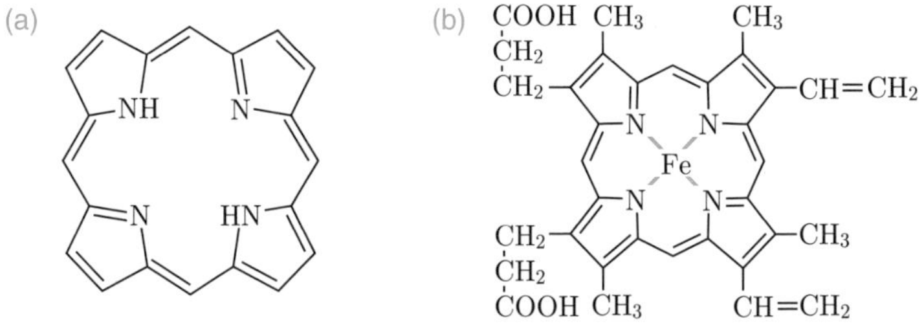

図 9.3　(a) ポルフィリン骨格の分子構造，(b) ヘム鉄 (III) 錯体の分子構造

9.2 エネルギーと代謝

アデノシン三リン酸（**ATP**）は核酸の成分であるアデニンとリボースにリン酸が3個結合した分子であり，ATPが水によって分解（加水分解）して，**ADP**とリン酸になることで非常に大きなエネルギーが放出される．

$$\mathrm{ATP} + \mathrm{H_2O} \rightarrow \mathrm{ADP} + \mathrm{H_3PO_4} + 46.0\,\mathrm{kJ\,mol^{-1}} \tag{9.1}$$

ATPは微生物からヒトに至るまですべての生物に含まれており，共通のエネルギーを生み出す物質である．ATPは1929年に米国と英国の研究者によって発見されたが，その構造は1935年，日本の牧野堅およびドイツのローマン（K. Lohmann）によってそれぞれ独自に解明された．ATPの構造を図9.4に示す．

9.3 核酸の化学

9.3.1 ヌクレオシドとヌクレオチド

遺伝情報の格納庫である**核酸**（nuclear acid）はアミン塩基，糖およびリン酸で構成されており，糖がリボースの場合は**リボ核酸**（**RNA**），デオキシリボースの場合は**デオキシリボ核酸**（**DNA**）とよぶ．アミン塩基と糖が結合した部分は**ヌクレオシド**（nucleoside）とよび，ヌクレオシドにリン酸が結合すると全体で**ヌクレオチド**（nucleotide）とよぶ．核酸のアミン塩基を図9.5に，核酸の構造を図9.6に示す．

9.3.2 DNAとRNA

遺伝情報は，デオキシリボ核酸（DNA）およびリボ核酸（RNA）の分子に保存されていることが1940年代にはわかってきていた．さらに1950年，米国のシャルガフ（E. Chargaff）はDNAに含まれる4種類の塩基である**アデニン**（A），**チミン**（T），**グアニン**（G），**シトシン**（C）の割合は生物群によって異なっているが，AとT，GとCの割合はどの生物でも1対1であることを発見した．ワトソン（J.D. Watson）とクリック（F.H.C. Crick）は，シャルガフの驚くべき発見とフランクリン（R.E. Franklin）とウィルキンス（M.H.F. Wilkins）が

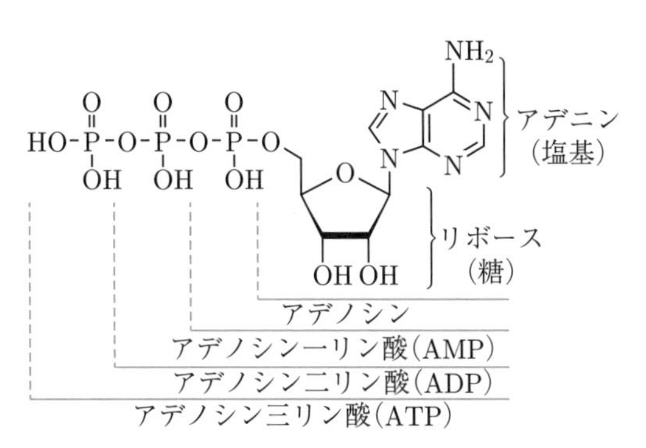

図 9.4　アデノシン三リン酸（**ATP**）の分子構造

核酸	プリン塩基	プリン塩基	ピリミジン塩基	ピリミジン塩基
DNA	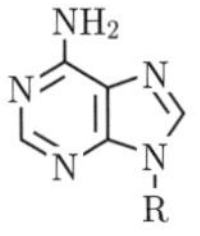 NH2 N N N N R アデニン（A）	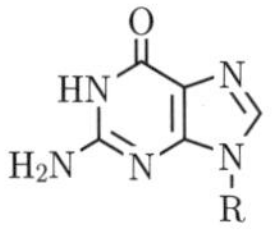 O HN N H_2N N N R グアニン（G）	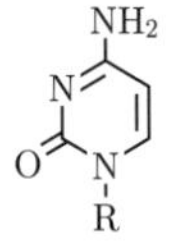 NH_2 N O N R シトシン（C）	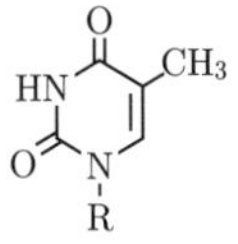 O HN CH_3 O N R チミン（T）
核酸	プリン塩基	プリン塩基	ピリミジン塩基	ピリミジン塩基
RNA	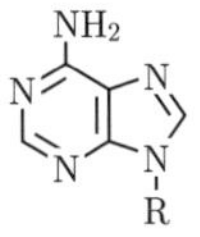 NH_2 N N N N R アデニン（A）	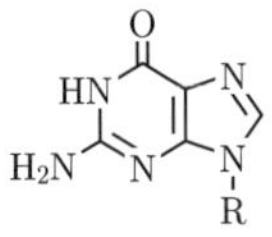 O HN N H_2N N N R グアニン（G）	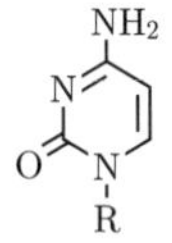 NH_2 N O N R シトシン（C）	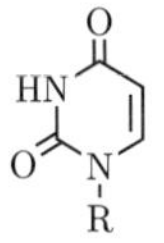 O HN O N R ウラシル（U）

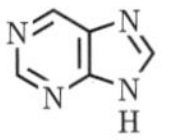

N N N N H　プリン（purine）　　N N　ピリミジン（pyrimidine）

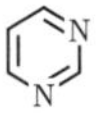

図 9.5　核酸を構成する塩基の種類と分類

測定したDNAのX線回折写真を基にしてDNAの**二重らせん構造**のモデルを1953年に発表した．彼らは，二つのポリヌクレオチドを結び付けているのは，アデニン（A）とチミン（T）の水素結合およびグアニン（G）とシトシン（C）の**水素結合**であるとした．このモデルはAとT，GとCの割合はどの生物でも1対1であることを十分説明できるものであった．1962年，ワトソンとクリックはDNAの二重らせん構造の解明でウィルキンスとともにノーベル生理学・医学賞を受賞している．なお，DNAのX線構造解析で重要な貢献をしたフランクリンは1958年に死去しており，ノーベル賞を受賞することはなかった．図9.7にDNAの分子構造，構成成分の塩基の水素結合対，二重らせん構造を示す．

9.3.3 遺伝情報とタンパク質

ワトソンとクリックがDNAの二重らせん構造と塩基の水素結合の仕組みを1953年に発表した翌年の1954年，ビッグバン宇宙の提唱者で有名なガモフ（G. Gamow）はDNAの塩基配列がタンパク質のアミノ酸の配列と対応しており，3個の塩基の並び方（64通り）で20個のアミノ酸をカバーできること，したがって1個のアミノ酸には数個の暗号があることを提案した．これに対して，DNAの二重らせん構造の提唱者のクリックは1958年，DNAは細胞核内にあること，タンパク質は細胞核の外で合成されることから，DNAの塩基配列とタンパク質のアミノ酸配列の仲介役としてのRNAの存在を予想した．その予想通り，DNAの塩基配列を写しとり，核から細胞質に出て行く**メッセンジャーRNA**（**mRNA**）が1960年に発見された．mRNAの情報は**リボゾーム**で受け取られ，ここでアミノ酸の重合が行われて，タンパク質が合成されることになる．各アミノ酸に対応する3個の塩基の配列は遺伝暗号（**コドン**）とよばれ，この暗号はコラナ（H.G. Khorana），ホリー（R.W. Holley），ニーレンバーグ（M.W. Nirenberg）によって解読された．彼らはこの功績により1968年，ノーベル生理学・医学賞を受賞している．表9.1に各アミノ酸とmRNAの遺伝暗号（コドン）との対応を示す．

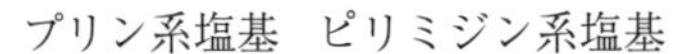

図 9.6　核酸の構造

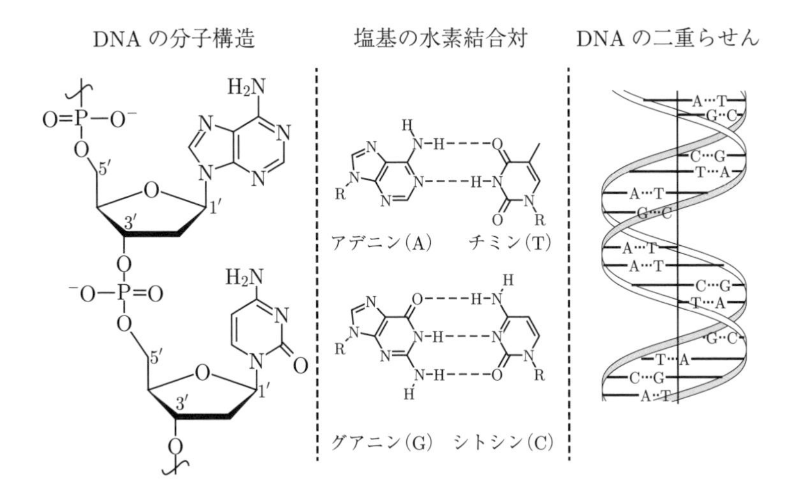

図 9.7　DNA の分子構造，構成成分の塩基の水素結合対，二重らせん構造

表 9.1 アミノ酸と **mRNA** の遺伝暗号（コドン）

アミノ酸	mRNA の暗号（コドン）	アミノ酸	mRNA の暗号（コドン）
アラニン	GCU, GCC, GCA, GCG	リシン	AAA, AAG
アルギニン	CGU, CGC, CGA, CGG, AGA, AGG	メチオニン	AUG
アスパラギン	AAU, AAC	フェニルアラニン	UUU, UUC
アスパラギン酸	GAU, GAC	プロリン	CCU, CCC, CCA, CCG
システイン	UGU, UGC	セリン	UCU, UCC, UCA, UCG, AGU, AGC
グルタミン	CAA, CAG	トレオニン	ACU, ACC, ACA, ACG
グルタミン酸	GAA, GAG	トリプトファン	UGG
グリシン	GGU, GGC, GGA, GGG	チロシン	UAU, UAC
ヒスチジン	CAU, CAC	バリン	GUU, GUC, GUA, GUG
イソロイシン	AUU, AUC, AUA	開始コドン	AUG
ロイシン	UUA, UUG, CUU, CUC, CUA, CUG	終止コドン	UAG, UGA, UAA

A: アデニン，C: シトシン，G: グアニン，U: ウラシル

9.4 ビタミンの生理作用と欠乏症

ビタミンの発見は，死に至る原因不明の病気と栄養素の研究から始まっている．ここでは例として**脚気**の研究からビタミン B_1 が発見された歴史を紹介する．

■脚気とビタミン B_1

ビタミン B_1 の発見は脚気の原因究明から始まっている．脚気とは，心不全によって足のむくみ，神経障害によって足のしびれが起き，進行すると心臓機能の低下や心不全を起こし，やがて死に至る病気である．日本における脚気に関しては，江戸時代末期の第 13 代将軍家定や第 14 代将軍家茂が脚気で死亡するなど，深刻な病気であった．明治時代では，日清戦争（1894–1895）や日露戦争（1904–1905）で大量の兵士が脚気で死亡しているが，これは主食が白米であることが原因である．

1880 年代，オランダ人のエイクマン（C. Eijkman）が医師としてオランダ領東インドに派遣されたとき，脚気によく似た症状のニワトリを対象に精白米と玄米を餌として与えたグループに分けた結果，白米を与えたニワトリはすべて脚気の症状がでるのに対し，玄米を与えたニワトリには脚気の症状が現れないことを発見した．そして 1897 年に米糠に脚気を予防する成分（抗脚気因子）があることを発表した．この抗脚気因子の単離と結晶化に成功したのは鈴木梅太郎とポーランドのフンク（C. Funk）であった（1911 年）．鈴木梅太郎は単離した抗脚気因子をイネの学名（oryza）に因んでオリザリンと命名した．ビタミン B_1 の分子構造を図 9.8 に示す．なお，エイクマンは 1929 年に抗神経炎ビタミンの発見者としてノーベル生理学・医学賞を受賞している．

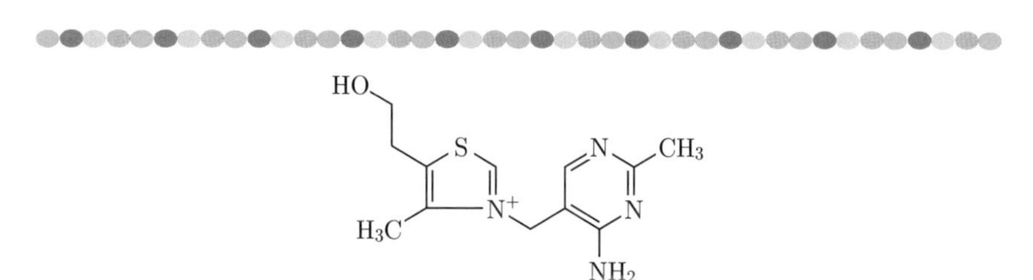

図 9.8　ビタミン B_1 の分子構造

表 9.2 に代表的なビタミン類とその生理作用および主な欠乏症を示す．ビタミン B には，B_1, B_2, B_{12} など複数のビタミン類があるが，これらの物質がもつ生理作用には多くの類似点があり，協同して生理作用の発現に寄与することもあり，ビタミン B 群と総称している．

表 9.2 代表的なビタミン類とその生理作用および主な欠乏症

ビタミンの種類		生理作用	主な欠乏症
油溶性	ビタミン A	視覚タンパク質の成分	夜盲症
	ビタミン D	カルシウムやリンの代謝，骨・歯の形成	骨・歯の発育不全，くる病
	ビタミン E	抗酸化作用，抗不妊因子	不妊症
	ビタミン K	血液凝固作用	血液凝固障害，肝障害
水溶性	ビタミン B_1	糖類の代謝酵素の補酵素	脚気
	ビタミン B_2	酸化還元酵素の補酵素	発育不全，舌炎
	ビタミン B_{12}	様々な酵素の補酵素	悪性貧血
	ビタミン C	抗酸化作用，脂質代謝	壊血病
	葉酸	抗貧血因子	貧血

9.5 微量元素と代謝

人体の代謝には多くの元素が関係しており，代謝にかかわる元素が欠乏すると様々な病気が現れることから，これらの元素を必須元素という．これらの元素は必要とされる量によって，**主要必須元素**と**微量必須元素**に分類される．図 9.9 は海水中に含まれるミネラルの濃度とヒトの血清中に含まれるミネラルの濃度の相関を表したものである．ヒトの血清中に含まれる多くの必須元素の濃度は，海水中の濃度と同程度であり，脊椎動物の遠い祖先が海水の中で生活し，多くのミネラルを代謝のために利用してきたことを物語っている．図 9.9 で，ヒトの血清中に含まれるリン，亜鉛，銅の濃度が海水中での濃度に比べてはるかに高いことは，代謝に重要なこれらの微量元素を積極的に蓄えて利用する仕組みが存在していることを示している．リンは DNA や RNA の構成元素であり，またエネルギーを生み出すアデノシン三リン酸（ATP）の構成元素である．また亜鉛や銅は様々な金属タンパク質を形成し，酵素として働いている．表 9.3 に，生体に含まれる主なミネラルの種類，生理作用，主な欠乏症を示す．

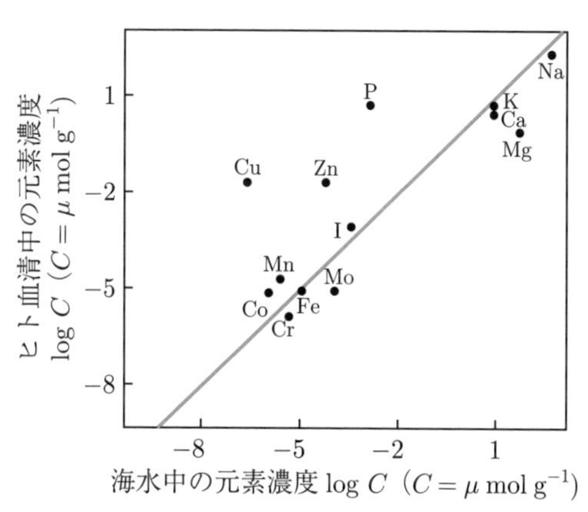

図 9.9　海水とヒト血清中の元素濃度の相関関係

表 9.3 生体に含まれる主なミネラルの種類，生理作用，主な欠乏症

分類	元素名	主な生理作用	主な欠乏症
主要元素	ナトリウム（Na）	浸透圧の維持, 細胞の興奮	血圧低下，意識障害
	カリウム（K）	浸透圧の維持, 細胞の興奮	不整脈，血圧上昇，無筋力症
	カルシウム（Ca）	骨・歯の形成，筋収縮，血液の凝固	骨の発育障害，骨粗しょう症
	マグネシウム（Mg）	筋収縮，酵素の成分	循環器障害，代謝不全
	リン（P）	骨・歯の形成，エネルギー代謝	発育不全，骨・歯の発育障害
主な微量元素	鉄（Fe）	酸素の運搬・貯蔵タンパク質の成分，電子伝達系の成分	鉄欠乏性貧血，発育不全
	亜鉛（Zn）	酵素の成分，DNA の転写調節	発育不全，味覚障害，生殖能低下
	銅（Cu）	酵素の成分，電子伝達系	貧血, 発育不全, 毛髪異常
	マンガン（Mn）	酵素の成分	発育不全，骨異常
	コバルト（Co）	ビタミン B_{12} の成分	悪性貧血
	クロム（Cr）	糖の代謝	糖の代謝機能不全，糖尿病，高コレステロール血症
	ヨウ素（I）	甲状腺ホルモンの成分	発育不全, 甲状腺機能低下

演習問題

9.1 生物におけるタンパク質は 20 種類のアミノ酸を要素として構成されている．グリシン以外のアミノ酸には L-体と D-体とよばれる 2 種類の鏡像異性体が存在する．自然に生成したアミノ酸は L-体と D-体とよばれる 2 種類の等量混合物であるが，不思議なことに，地球上の動植物のタンパク質はほとんど L-体のアミノ酸のみから構成されている．このことは，生物が誕生するときにアミノ酸が 20 種に，しかも L-体のアミノ酸に絞り込まれたことを意味しており，生命の起源と密接に関係しているが，まだ解明されていない．なぜ地球上の動植物のタンパク質はほとんど L-体のアミノ酸のみから構成されているか可能性を考察してみよ．

9.2 アルコールを飲むと，胃で吸収された後にアルコール酸化酵素 ADH の作用でアセトアルデヒド（CH_3CHO）に変わり，さらにアルデヒド酸化酵素 ALDH の作用で酢酸（CH_3COOH）に変わりエネルギー源となる．ADH はビタミン A（レチノール）の OH 基をアルデヒド基に変換して視細胞にレチナールとして取り込むため網膜に多く含まれている．このことを参考にして，メタノール（CH_3OH）を飲むと失明する仕組みを考察せよ．

第10章

化学と薬学

微生物や植物は，生命の維持と天敵から防御するため，様々な物質を合成してきたが，その中で，人類は様々な病気を治癒する物質を発見し，治療薬として利用してきた．やがて化学の進歩によって，天然の物質を改良して治癒力を強めた薬の開発や，天然には存在しない物質を合成して不治の病とされてきた感染症の克服を行ってきた．その中には，我が国の化学者や医学者が重要な役割を果たした様々な治療薬がある．本章では，化学と薬学について学び，特に日本の科学者が偉大な貢献をしたハンセン病の特効薬やエイズ（HIV）の特効薬などについて紹介する．

10.1 植物や微生物に学ぶ薬学

10.1.1 柳と鎮痛薬

西洋医学に大きな影響を与え，医学の父として伝えられている古代ギリシアの医学者ヒポクラテス（Hippocrates, BC460–BC377）は，西洋シロヤナギの樹皮や葉の煎じ薬を発熱や痛み，陣痛の緩和に使用していたと伝えられている．古来より，西洋でも東洋でも柳の樹皮や葉を煎じたものを鎮痛薬として用いてきた．1838年，イタリアの化学者ピリア（R. Piria）は柳から抽出した物質から無色の結晶を得ることに成功し，柳（salix alba）の名前に因んで**サリチル酸**（salicylic acid）と命名した．サリチル酸は解熱や鎮痛作用があるが，苦味が強く，胃腸障害などの副作用もあった．このため副作用の少ない鎮痛薬の開発が進められ，ドイツのバイエル社が1897年に副作用の少ない**アセチルサリチル酸**（**アスピリン**）を開発した．今日，アスピリンは解熱剤や鎮痛剤として広く用いられている．サリチル酸およびアセチルサリチル酸の分子構造を図10.1に示す．

10.1.2 微生物と抗生物質

ペニシリン（penicillin）は，1928年に英国のフレミング（A. Fleming）によって発見された世界初の抗生物質である．フレミングはブドウ球菌を培養する実験をしているとき，アオカビに汚染されていた培養器を観察すると，アオカビの周囲だけ，細菌が繁殖していないこと，また顕微鏡で観察したところ，アオカビが分泌する液体が細菌を溶かしていることを発見した．こうして彼は，アオカビの分泌液にブドウ球菌などの細菌の増殖を抑える物質があることを確信し，これをアオカビの名前（Penicillium）に因んでペニシリンと名付けた．フレミングはこの物質を精製することはできなかったが，1938年に，フローリー（H.W. Florey）とチェイン（E.B. Chain）がアオカビの分泌液からペニシリンを抽出する方法と大量生産する方法を見出した．こうして単離されたペニシリン（ペニシリンG）は抗生物質として実用化され，第二次世界大戦中，多くの負傷兵が細菌の感染症から救われた．第二次世界大戦が終わった1945年，フレミング，フローリー，チェインはペニシリンの発見と抗生物質への応用の功績によりノーベル生理学・医学賞を受賞している．図 10.2 にペニシリンの分子構造を示す．

第二次世界大戦中，日本はドイツからペニシリンに関する情報を知り，1944 年に梅沢浜夫博士（当時，東京帝国大学）を中心にアオカビからペニシリンの抽出・精製が試みられ，同年大量生産が開始された．また梅沢浜夫博士は戦後，結核治療用抗生物質である**カナマイシン**を土壌の微生物（放線菌）から発見し，日本発の抗生物質として結核の治療に貢献した．

なお，世界初の結核治療薬である**ストレプトマイシン**は 1943 年に米国のワックスマン（S.A. Waksman）が土壌の微生物の放線菌（Streptomyces）から発見した物質であり，彼は結核から人類を救った功績により 1952 年にノーベル生理学・医学賞を受賞している．また，日本の大村智博士が土壌の微生物から寄生虫を死滅させる抗生物質**イベルメクチン**を発見し，アフリカの数千万人の人々を寄生虫による失明の脅威から救ったことが評価され，2015 年にノーベル生理学・医学賞を受賞したことは記憶に新しい．このように土壌の微生物は多くの抗生物質を含んでいる可能性があり，これからも新しい発見が期待される．

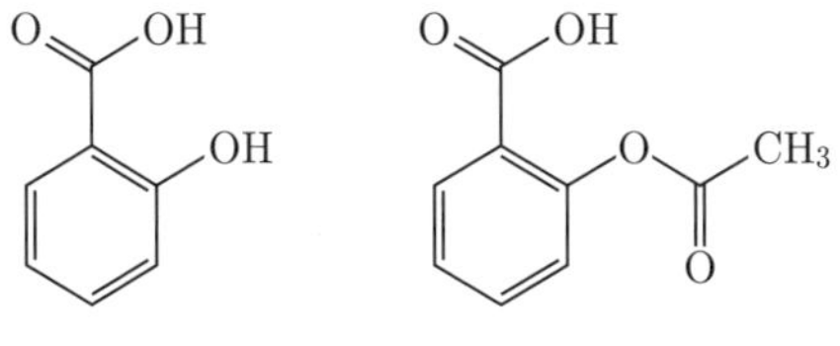

サリチル酸　　アセチルサリチル酸（アスピリン）

図 10.1　サリチル酸およびアセチルサリチル酸（アスピリン）の分子構造

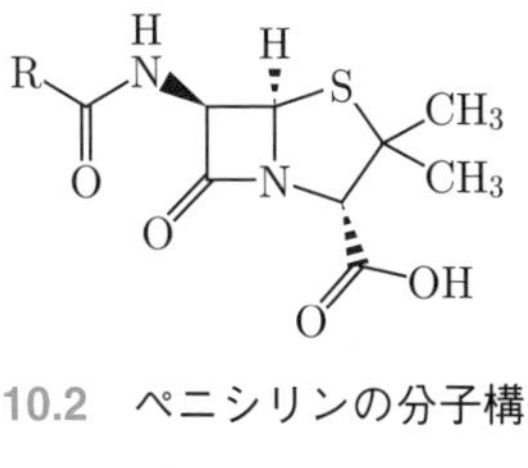

図 10.2　ペニシリンの分子構造

10.2 化学合成と薬学

10.2.1 梅毒とその治療薬サルバルサン

梅毒は重篤な性病であり，クリストファー コロンブスが 1492 年に西インド諸島を発見した後，第 2 回目の航海から帰国した 1494 年頃からヨーロッパに広まったと記録されている．1494 年から始まった第一次フランス・イタリア戦争でフランス軍がナポリを包囲した時期，両軍で多数の梅毒患者が現れ，フランス側は“ナポリ病”とよび，イタリア側は“フランス病”とよんで忌み嫌った．その後，フランス側の傭兵がそれぞれの故国に帰還し，ヨーロッパ大陸全体に梅毒が拡大したと記録されている．この時代は大航海の時代であり，1500 年には早くも中国に伝染していることが記録されている．梅毒の初期症状の潰瘍の形がヤマモモ（楊梅）の熟した実の形に似ていることから中国では楊梅瘡とよばれ，日本では梅毒とよばれるようになった．梅毒は人体に侵入した寄生微生物スピロヘータパリーダが増殖して引き起こす性病である．末期には脳に侵入して脳梅毒を引き起こすが，これを突き止めたのは，野口英世である．

梅毒など微生物の感染に起因する場合，原因となる微生物には有毒で人体に無害な薬品の開発が要求される．天然には存在しない物質を合成して感染症などの病気を治療する道を開いたのがドイツのエールリッヒ（P. Ehrlich）であった．20 世紀の初頭，ヒ素を含んだ有機化合物が人体に寄生する微生物を死滅させることがわかってきたため，エールリッヒは日本から来た留学生の秦佐八郎と一緒に有機ヒ素化合物を梅毒の治療薬として調べた．エールリッヒの合成指針に従ってドイツの化学会社が合成した数百種類の有機ヒ素化合物をエールリッヒと秦佐八郎がウサギに投与した結果，1909 年，606 号と製剤番号のついた有機ヒ素化合物がウサギに移植したスピロヘータを死滅させることを遂に見出した．有機ヒ素化合物 606 号は**サルバルサン**（Salvarsan）と名付けられ，梅毒の患者に投与し，劇的な治療効果が得られた．こうして，サルバルサンの発見により，梅毒の脅威を克服することができたのである．サルバルサンの名前はラテン語の salvare（救う）に由来している．なお，エールリッヒはサルバルサン発見の前年（1908 年），免疫学の功績によりノーベル生理学・医学賞を受賞している．図 10.3 にサルバルサンの分子構造を示す．

10.2.2　ハンセン病とその治療薬プロミン

—毛虫匍へり 蝶と化る日を 夢見つつ—

（玉木愛子“わがいのち わがうた”，1986）

ハンセン病は**らい菌**によって引き起こされる感染症で，皮膚が侵されて容貌が変形し，進行すると失明に至る不治の病と言われ，古来より恐れられてきた病気である．ハンセン病の名前は，ノルウェーの医師ハンセン（G.H.A. Hansen）がこの病原菌を発見したことに由来している．特効薬がない時代，感染者は親族と故郷から引き裂かれて隔離され，深刻な社会的差別を受けてきた．冒頭の俳句は，岡山県の長島にあるハンセン病療養施設（長島愛生園）で生涯を閉じた俳人，玉木愛子の歌である．

らい菌と結核菌は互いに近い仲間であるが，結核菌に比べてらい菌の方が感染力は低い．しかし，体内のらい菌が死滅しても，末梢神経麻痺となり，筋萎縮した組織は回復せず，それによる容貌の変形や手足の変形は大きな差別を生む原因となった．このような状況の中，ハンセン病患者を救済する特効薬の開発が長い間待ち望まれていたが，結核の治療に効果がある有機硫黄化合物の一種である**プロミン**による治療が米国のハンセン病療養施設で開始され，1943 年にその劇的な治療効果が報告されると，ハンセン病は不治の病気から治る病気へと認識が変わっていった．これは第二次世界大戦中の出来事であったが，東京帝国大学医学部の石館守三博士は，この情報を中立国を通じて入手し，その合成に着手したのである．そして 1946 年，ついに独力でプロミンを合成することに成功した．そして 1947 年には長島愛生園の患者に試され，その効果が確認さ

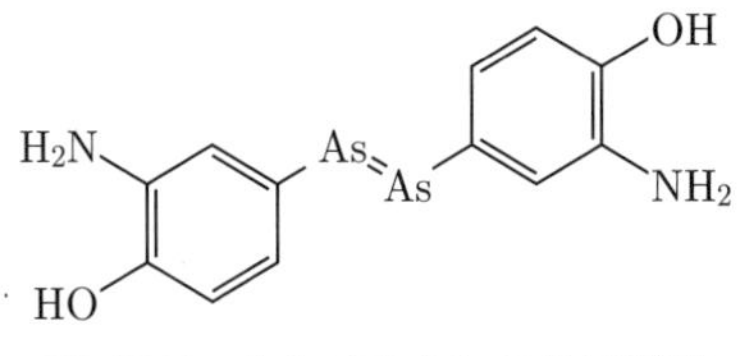

図 10.3　サルバルサンの分子構造

れると各地のハンセン病療養施設で治療薬として用いられるようになった．プロミンの分子構造を図10.4に示す．

プロミンによるハンセン病の治療効果が報告されて以降，米国ではハンセン病予防制度の改正が試みられ，1947年には条件を満たせば外来治療が可能となった．一方，日本では，プロミンをはじめとする治療薬が開発されて治る病気になったにもかかわらず，隔離政策（らい予防法）は1995年まで継続されたのである．

10.2.3 AIDSと抗HIV薬

AIDS（Acquired Immunodeficiency Syndrome: 後天性免疫不全症候群）とは **HIV**（Human Immunodeficiency Virus: ヒト免疫不全ウイルス）の感染によって引き起こされる感染症である．AIDSは1981年に米国で初めて報告されたが，その後，急速に全世界に広まって行った．HIVは一本鎖のRNAをもつウイルスで，ヒトの細胞に入り込むと，逆転写酵素の働きによりRNAからDNAを合成し，そのDNAはヒトの遺伝子に入り込み，増殖する．一本鎖のRNAは，遺伝情報の部位であるヌクレオシド（塩基と糖が結合した部位）が裸の状態にあり，保護されていないため容易に変異してしまうので，抗HIV薬の開発は困難とされていた．このような状況の中で，世界で初めて抗HIV薬の開発に成功したのは，日本の満屋裕明博士であった．彼が1987年，世界で初めて開発した抗HIV薬（アジドチミジン）の分子構造を図10.5に示す．アジドチミジンの分子構造とRNA遺伝情報の基本骨格分子（チミジン）の分子構造がよく似ていることがわかる．チミジンの糖の部分にあるOH基をアジド基（$-N{=}N^{+}{=}N^{-}$）に置換するとアジドチミジンになる．したがって，HIVウイルスは自己増殖する際，チミジンの代わりにアジドチミジンを誤認識してしまい，自己増殖ができなくなる．このような分子設計にもとづき，満屋裕明博士は世界に先駆けてさらにもう3種類，計4種類の抗HIV薬を開発したのである．

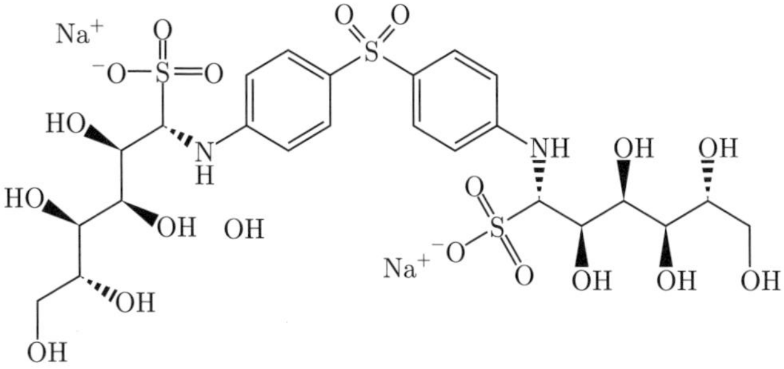

図 10.4　プロミンの分子構造

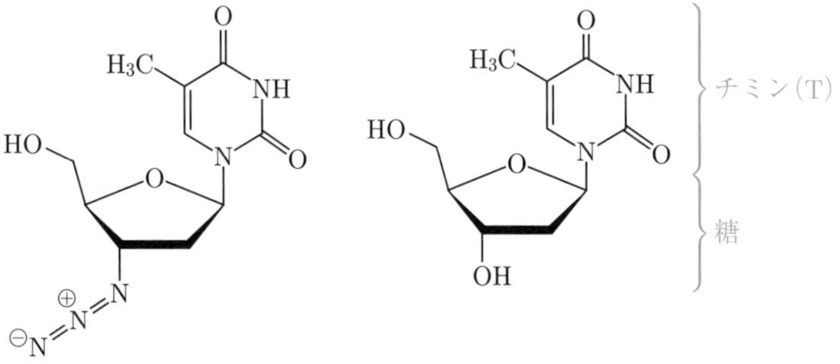

HIV の治療薬（アジドチミジン）　　チミジン

図 10.5　世界で初めて満屋裕明博士によって開発された抗 **HIV** 薬（アジドチミジン）の分子構造と **RNA** 遺伝情報の基本骨格分子（チミジン）の分子構造

10.3 麻酔薬の歴史

外科手術は患者の甚だしい苦痛を伴うことから，麻酔薬は手術にとって不可欠のものである．全身麻酔による手術は古く，中国の後漢の時代に遡ることができる．後漢書によると，後漢の順帝の時代（AD125–AD144），現在の安徽省で生まれた華陀は，大麻を主成分として麻沸湯という麻酔薬を植物から開発し，患者に飲ませると患者の感覚が次第に薄れて昏睡状態となった．この状態で必要な場所を切開し，病気の原因となる部分を切除し，再び切口を縫い合わせることにより全身麻酔による手術を行った．

華陀が用いた全身麻酔薬の麻沸湯はその後，約1,500年の間，忘れられてきたが，江戸時代，紀州藩（現在の和歌山県紀の川市）の医師華岡青洲（1760–1835）は，華陀の麻沸湯を参考にし，試行錯誤の末にチョウセンアサガオとトリカブトの毒を主成分とした麻酔薬「**通仙散**」を発明し，1804年に「通仙散」を用いて老婦人を治験者として全身麻酔による乳癌の摘出手術を成功させた．これは正確な記録が残されている世界最初の全身麻酔による手術であった．この手術に至るまでには，治験を申し出た青洲の母親の衰弱死，妻の失明の犠牲があった．青洲の麻酔薬「通仙散」は危険を伴うものであり，調合は極めて難しいものであった．

その頃の外国では，英国と米国を中心に麻酔薬の探索が行われていたが，**笑気ガス**（laughing gas）とよばれる**亜酸化窒素**（N_2O）に麻酔作用があることを自ら実験して確かめたのは，英国の化学者デービー（H. Davy）であった．笑気ガスの名前は，N_2Oを用いた手術中に，麻酔によって弛緩した患者の表情が笑っているように見えたことに由来すると言われている．

その後，**エーテル**（$C_2H_5–O–C_2H_5$）にN_2Oと同じような麻酔作用があることがわかり，1846年，米国のモルトン（W.T.G. Morton）がエーテルを用いて全身麻酔を行って患者の頸部の腫瘍を切除する手術を行っている．これは，華岡青洲に次ぐ2番目の全身麻酔による手術であった．1847年には，英国のシンプソン（J.Y. Simpson）が**クロロフォルム**（$CHCl_3$）を用いて全身麻酔による手術に成功している．このように19世紀にはエーテルやクロロフォルムを用いた全身麻酔の手術が普及したが，死亡事故も多く報告され，現在では使用されていない．

演 習 問 題

10.1　心筋梗塞の特効薬として爆薬でもあるニトログリセリンが古くから使われてきた．これは，ニトログリセリンが体内で分解することにより血管を拡張させる作用がある酸化窒素（NO）ができるためである．NO は循環器系における情報伝達の役割を担っている．NO の生理作用の研究に対しては，1998 年にノーベル生理学・医学賞が授与されている．このことを参考にして NO の生理作用について調べてみよ．

第11章

地球環境とエネルギー

本章では人類の将来のために，化学の視点に立って地球環境および持続可能な再生可能エネルギーを課題として取り上げる．前半では，日本における主な公害病とその原因および克服，食品に関する事故例とその原因について紹介する．後半では，地球環境に関してオゾンホールと紫外線による人体への影響，地球の気温と温室効果ガスの関係，原子力発電による核燃料廃棄物の課題について考え，持続的な再生可能エネルギーの現状と将来の課題について理解を深める．

11.1 公害とその克服

化学物質による公害とそれが引き起こす病気は，産業の発展とともに顕在化し，大きな社会問題になってきた．本節では，明治期の足尾銅山の精錬による公害および高度経済成長期に発生した四大公害病（イタイイタイ病，水俣病，第二水俣病，四日市喘息）とその克服について学ぶ．

11.1.1 足尾銅山の公害問題

栃木県日光市足尾地区では江戸時代から銅が採掘されていたが，明治維新後，政府から払い下げをうけた古河市兵衛が採鉱事業の近代化を進めた結果，1885年までに大鉱脈を発見し，東洋一の銅の産地となった．しかし精錬時の燃料による排煙や，精製時に発生する鉱毒ガス（主成分は二酸化硫黄），排水に含まれる鉱毒は，付近の環境に多大な被害をもたらすこととなった．また，鉱毒ガスやそれによる酸性雨で付近の山は禿山となった．1891年，国会議員の田中正造が**足尾銅山**鉱毒問題を初めて国会でとりあげ，社会問題となった．その後，足尾砂防ダムの工事が始まり，多くの人手と長い年月をかけて緑を蘇らせる治山工事が始まり，現在も続けられている．

11.1.2 イタイイタイ病とその克服

イタイイタイ病は富山県神通川流域に発生した土壌のカドミウム汚染による病気である．神通川上流の岐阜県側には，1874年から三井金属鉱山が亜鉛を採掘していた神岡鉱山があり，精錬の残土が神通川に流出して下流域の田園地帯の土壌を汚染したのである．1950年代から1960年代，萩野昇医師，農業経済学の吉岡金市博士および農業水質学の小林純博士によって，カドミウムの土壌汚染とイタイイタイ病の関係が明らかにされ，世の中に広く知られるようになった．その後，イタイイタイ病は，1968年の裁判により日本最初の公害病として認定されることとなった．その原因物質としてカドミウム（Cd）を特定した根拠となったのは，Cd以外のものはイタイイタイ病の「地域限局性」を説明できないという疫学的な見解であった．その「地域限局性」を示したのが図11.1である．(a)は富山県神通川流域Cd汚染地域を汚染の程度別に示しており，(b)はイタイイタイ病患者の有病率である．カドミウム中毒によって生じた腎傷害は時間が経過しても治癒せず，高尿酸血症により関節に尿酸結晶が蓄積し通風を生じる．また骨軟化症，骨粗鬆症などが生じて骨がもろくなり，骨折のリスクが高まる．カドミウム中毒の極めて重篤な症例では自らの体重により骨折することが報告されている．イタイイタイ病患者の救済は，環境省の「公害に係る健康被害の救済に関する特別措置法によるイタイイタイ病の認定」（1972 年 6 月に制定）に基づいて行われている．また，1971 年に「土壌汚染防止法」が施行され，玄米のカドミウム濃度が 1.0 ppm 以上となる水田を対象にカドミウム吸収抑制対策事業が実施されているが，施工された当時の対策は，ほとんどが客土（上乗せ客土，排土客土）による土壌修復技術であった．

なお，神岡鉱山（三井金属鉱業）の坑道跡地には，東京大学のニュートリノ観

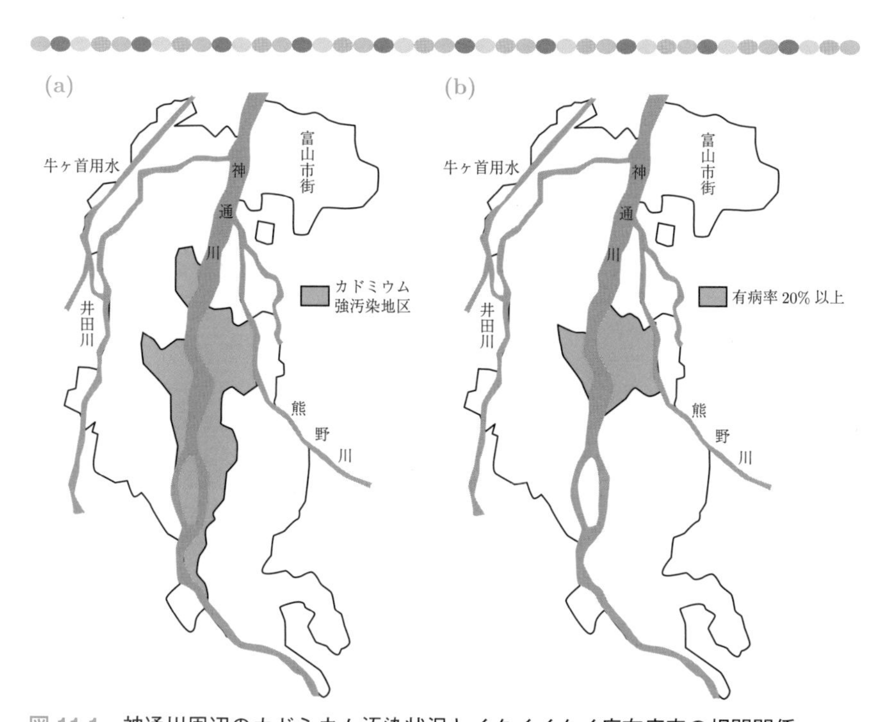

図 11.1　神通川周辺のカドミウム汚染状況とイタイイタイ病有病率の相関関係
〔河野俊一，北陸公衆衛生学会誌，第 23 巻，第 2 号，p.45–57，北陸公衆衛生学会（1997）より改変〕

測装置「スーパーカミオカンデ」や重力波観測装置「かぐら」が設置されており，これを用いたニュートリノの研究で小柴昌俊博士が2002年，梶田隆章博士が2015年にノーベル物理学賞を受賞している．

11.1.3 水俣病とその克服

水俣病は，1956年に熊本県水俣市で最初に確認された公害病である．水俣市にあるチッソ水俣工場は，日本でも有数の大きな化学工場として，様々な化学製品を製造していたが，原料であるアセトアルデヒドの合成過程で無機水銀化合物を触媒として用いていた．この反応過程で副生成物として毒性の強いメチル水銀が発生したのである．工場排水と一緒に水俣湾へ流されたメチル水銀は，魚介類に取り込まれ，その魚介類を人々が長い間食べたことにより水俣病が発生したのである．チッソ水俣工場から水俣湾に排出される工場排水に含まれる有機水銀が水俣病の原因であることを解明したのは熊本大学の研究グループであった．

水俣病はメチル水銀による中毒性中枢神経疾患であり，典型的な重症例では，口の周りや手足がしびれ，やがて言語障害，歩行障害，視野狭窄，難聴などの症状が現れた．また，胎盤を通じて胎児の段階でメチル水銀に侵された胎児性水俣病も存在した．この症状は有機水銀を使用する労働者に見られた有機水銀中毒症状とよく一致し，これが水俣病原因物質究明の判定となった．1977年には，熊本県は水俣湾内の大量のヘドロを取り除き，これを堤防の内側に封じ込んで埋め立てる工事を開始したが，この工事は終了までに14年の期間と多額の費用が費やされたのである．

なお，水俣病に対する救済措置に関しては，第二水俣病を含めて「水俣病被害者の救済及び水俣病問題の解決に関する特別措置法」が2009年に制定された．

11.1.4 第二水俣病

第二水俣病とは，昭和電工・鹿瀬工場（新潟県東蒲原郡阿賀町）でアセトアルデヒドの生産中に生成され，未処理のまま廃液として阿賀野川に排出されたメチル水銀が，川で獲れた魚介類の摂取を通じて人体に蓄積されたことによる有機水銀中毒であり，被害者は阿賀野川下流域に多くみられた．有機水銀による中毒症状が水俣病におけるメチル水銀による中毒疾患と同じことから，阿賀野川流域で発生したメチル水銀によるこの病気は第二水俣病とよばれている．

11.1.5 四日市喘息

三重県四日市市は日本で最初の石油化学コンビナートが建設された場所であり，それは四日市港沿いの住宅地周辺に位置していた．**四日市喘息**は，四日市市と三重郡楠町で1960年から1972年にかけて四日市石油コンビナートから発生した大気汚染による集団喘息障害である．喘息を引き起こした有毒物質のなかでも，硫黄酸化物は，最も影響が強かったと思われている．この物質は石油を燃焼させたときに発生する．石油は石炭のように黒い煙をださないため，空が黒く覆われることはないが，喘息などの気管や肺の障害を引き起こす硫黄酸化物を多く含んでいたことから，石炭の黒いスモッグに対して，四日市の煙は白いスモッグといわれていた．その後，脱硫装置の開発により，硫黄酸化物による喘息被害は克服されている．

11.2 食の安全と事故

1953年，新日本軽金属清水工場にてアルミニウムの精錬過程で取り出されるヒ素とリン酸を含む物質の処理について，静岡県衛生部が厚生省（現在の厚生労働省）に照会したが，同省は「毒劇物取締法上のヒ素製剤には該当しない」と回答したため工業用として出荷可能となった．これを受けて，新日本軽金属清水工場で生産されたヒ素を含む第二リン酸ソーダ（Na_2HPO_4）は転売され，工業用として協和産業に納入された．1955年，森永乳業徳島工場では，粉ミルク製造において，原乳の乳質安定剤（pH安定剤）として使用するため安価な協和産業の「工業用第二リン酸ソーダ」を購入し，加工食品として「森永ドライミルクMF缶」を製造したのである．このため西日本を中心に，「森永ドライミルクMF缶」のミルクを飲んで衰弱死や肝臓肥大を起こす乳幼児が続出し，1956年の厚生省（現厚生労働省）の発表では，死亡130名，発症12,131名の世界最大級の食品公害となったのである（**森永ヒ素ミルク中毒事件**）．これは，安価な工業用品を加工食品の材料として用いたこと，リンの化合物と同じ15族元素であるヒ素がどの程度含まれているか確認するための元素分析を怠ったことが最大の原因であった．

11.3 地球環境とその課題

11.3.1 地球の大気

地球は大気に囲まれており，この大気のために動植物が住める環境にある．この大気は図 11.2 に示すように，**対流圏**，**成層圏**，**電離層**，**外気圏**に分類することができる．対流圏の温度分布は，主に地表で吸収された太陽熱が対流で上層に運ばれることによって形成され，高度が高くなるにつれて 6.5°C km^{-1} の割合で気温は低下していく．成層圏では，酸素分子は波長が 130〜220 nm の紫外線を吸収して酸素原子に解離し，解離した酸素原子は他の酸素分子と結合して**オゾン**（O_3）を生成する．成層圏の温度分布は，主に酸素分子の光解離反応，オゾンの分解・再生反応によって決まる．この反応は発熱反応であり，この発熱作用により成層圏の温度は上層部に行くほど高くなるため，対流は生じない．成層圏の上空では，酸素原子や窒素原子が高エネルギーの紫外線や X 線を吸収して陽イオンと電子に分離した状態（プラズマ状態）を形成し，電離層とよばれる．電離層の外側は外気圏とよばれ，大気はほとんどなく，太陽から放射される荷電粒子の太陽風を直接受けることになる．幸運なことに，地球には**地磁気**があり，南極から北極に向かう磁力線が存在するため，地球に降り注ぐ荷電粒子はフレミングの左手の法則により荷電粒子の流れの向きと磁力線の向きに対して直角の方向に力を受けるため，赤道の周りに荷電粒子の帯（**バンアレン帯**）が形成され，危険な太陽風が地上に直接降り注ぐのを防いでいる．ところが北極圏および南極圏では，磁力線の方向が地表にほぼ垂直となり，フレミングの左手の法則による力がなくなるため，太陽風が大気圏に入り込み，酸素原子や窒素原子は荷電粒子と衝突することにより高いエネルギー状態（励起状態）になる．この高いエネルギー状態は光を放出して安定な元の酸素原子や窒素原子に戻るが，このとき放出される光が**オーロラ**であり，赤色および緑色のオーロラは高いエネルギー状態の酸素原子から放出される光である．ちなみに，静止衛星の気象衛星“ひまわり”はバンアレン帯の外側，地上から 36,000 km を 1 日で周回し，国際宇宙ステーション“希望”はバンアレン帯より内側の安全な地上から 408 km を 90 分で周回している．

11.3.2 オゾンホールと紫外線

前項で述べたように成層圏では，酸素分子は波長が 130～220 nm の紫外線を吸収して酸素原子に解離し，解離した酸素原子は他の酸素分子と結合してオゾン（O_3）を生成する．オゾンは波長が 240～300 nm の紫外線を吸収し，酸素分子と酸素原子に解離する．この反応によって生じた酸素原子は酸素分子と結合して再びオゾンを生成する．このサイクルは，1930 年にチャップマン（S. Chapman）が提案したことに因んで**チャップマンサイクル**とよばれている．このサイクルによって成層圏のオゾンの濃度は一定に保たれている．ところで，オゾンが紫外線を吸収する波長領域は 240～300 nm であるが，DNA の遺伝情報が格納されている塩基（アデニン（A），グアニン（G），シトシン（C），チミン（T））はこの領域の紫外線を吸収して水素原子の位置が変化する**光異性化**を起こすことが知られている．このため，例えば図 11.3 に示すように DNA の塩基であるアデニン（A）は紫外線を吸収して水素原子の位置が変化した互変異性体（A′）となり，シトシン（C）と対をつくってしまうことになる．近年，チミン分子やアデニン分子が紫外線照射によって通常体から**互変異性**することが報告されているが，紫外線による DNA 塩基対の変異が**皮膚がん**の一因と考えられている．このようにオゾンは人体に有害な波長 240～300 nm の紫外線を吸収するため，必要不可欠な存在である．

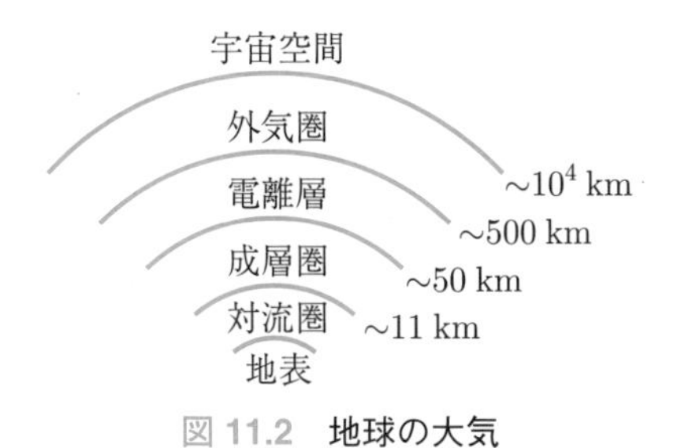

図 11.2　地球の大気

1974年，ローランド（F.S. Rowland）とモリナ（M.J. Molina）は，安定で毒性が無いガスとしてエアコンや冷蔵庫の冷媒，プリント基板などの洗浄剤に使用されているフルオロカーボン（略称フロン：CF_2Cl_2, $CFCl_3$ など）が成層圏で紫外線によって分解し，生成した塩素原子が触媒となってオゾンを破壊していることを発表した．1985年にファーマン （J. Farman）らによって南極上空に**オゾンホール**が発見され，1987年には国際的な取り決めによるフロンガスの使用規制（モントリオール議定書）が実施されることになった．1995年，ローランドとモリナは，窒素酸化物が触媒作用として働くことによりオゾン層を破壊することを明らかにしたクルッツェン（P.J. Crutzen）とともにノーベル化学賞を受賞している．これは，環境問題に関するテーマで初めてのノーベル賞であった．フロンが紫外線で分解して生成した塩素原子は下記の反応式のように触媒として働き，1個の塩素原子が約10万個のオゾン分子を破壊すると見積もられている．

$$
\begin{aligned}
O_3 + Cl &\rightarrow ClO + O_2 \\
ClO + O &\rightarrow Cl + O_2
\end{aligned}
\tag{11.1}
$$

11.3.3 地球の気温と温室効果ガス

この項では，地球の気温と温室効果ガスの関係について述べる．図11.4は地球に降り注ぐ太陽光の強度と波長の関係を示したものである．物質が熱せられると自ら電磁波を放射するが，この放射を**黒体放射**とよび，その強度分布の極大値の波長は温度とともに短波長側にシフトする．物質の黒体放射の実測値と理論曲線を比較することにより，物質の表面の温度を知ることができる．図11.4(b)は地球の大気圏外で観測した太陽光のスペクトルであり，(a)は5,700°Cの黒体放射の理論曲線である．(a)と(b)の比較から太陽の表面温度が5,700°Cであることがわかる．(c)は地表上で観測した太陽光のスペクトルである．分子の振動エネルギーに対応する近赤外光（NIR）〜赤外光（IR）の領域では，大気中のH_2OやCO_2が太陽光を吸収し，また地表から放出される近赤外光〜赤外光を吸収することにより，地球を温暖にしている．大気による温室効果は，水蒸気による温室効果が約97%，二酸化炭素による温室効果が約3%と見積もられている．

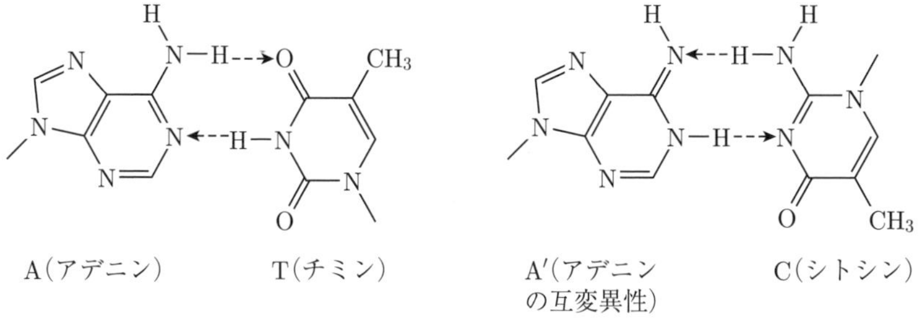

A(アデニン)　T(チミン)

A′(アデニンの互変異性)　C(シトシン)

正常な分子認識　分子認識の読み違え

図 11.3　塩基アデニン (**A**) の紫外線による互変異性 (**A′**) と **DNA** における塩基対の読み違え．矢印は水素結合を表す．

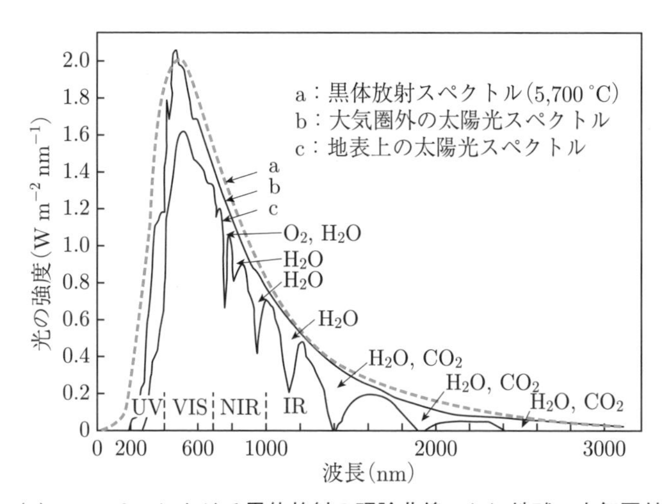

図 11.4　**(a) 5,700°C** における黒体放射の理論曲線，**(b)** 地球の大気圏外で観測した太陽光のスペクトル，**(c)** 地表上で観測した太陽光のスペクトル．
UV：紫外光，**VIS**：可視光，**NIR**：近赤外光，**IR**：赤外光．

ここで，国際的に大きな関心がもたれている地球の気温と二酸化炭素濃度の相関について，過去に遡って考察してみよう．図 11.5 は，南極の氷床をボーリングして得た氷柱に閉じ込められた大気の解析による二酸化炭素濃度および気温の時間変動を表したものである．大気中の二酸化炭素濃度の時間変動は地球の気温の時間変動に対応しており，過去 34 万年の間に氷河期が 3 度周期的に現れていることがわかる．1920 年，セルビアのミランコビッチ（M. Milanković）は①地球の自転軸の傾きの周期（約 4 万年），②自転軸がコマのように回る歳差運動の周期（約 2 万年），③地球が太陽の周りを回る公転軌道の伸縮（離心率）の周期（約 10 万年）の三要素が組み合わさった日射量の長周期変動のため，約 2 万年，4 万年，10 万年の周期で氷河期と間氷期のサイクルが生じることを見出した．この周期は発見者のミランコビッチに因んで**ミランコビッチサイクル**とよばれている．図 11.5 の (a) と (b) の時間変動が酷似していることから，地球の自然変動による温暖化が起こり，それに伴って海水中の二酸化炭素が大気に放出されると考えるのが自然であり，温室効果ガスの増大が先に生じるものとは言えない．

それでは，地球の気温は今後どのように変動していくであろうか．米国の海洋大気庁は，1957 年にハワイ島マウナロア山の中腹に気象観測所を設置し，二酸化炭素濃度の経年変化を観測してきた．図 11.6 は 1984 年から現在までの二酸化炭素濃度の経年変化を示したものである．年間単位のジグザグ状の変化は，植物の光合成による二酸化炭素吸収量が季節によって変動することによるものであるが，全体として直線状に増加し，現在では 400 ppm に達している．すでに述べたように，大気による温室効果は，大部分が水蒸気による効果（約 97%）であり，二酸化炭素による温室効果（約 3%）がこれに上乗せされている．人間社会の活動による二酸化炭素濃度の増加が地球の温度にどのような影響を与えるか，今後の詳細な分析と対策が必要であり，二酸化炭素の温室効果は，地球環境を真剣に考える契機になっている．私たちにとってできることは，二酸化炭素放出の抑制とともに，二酸化炭素の固定化とその利用の促進であり，植物による緑地化の促進や人工光合成の技術開発などが重要な課題である．なお，光合成を行う植物にとっては，二酸化炭素は必要不可欠な大気であり，植物の繁茂を促進することになる．

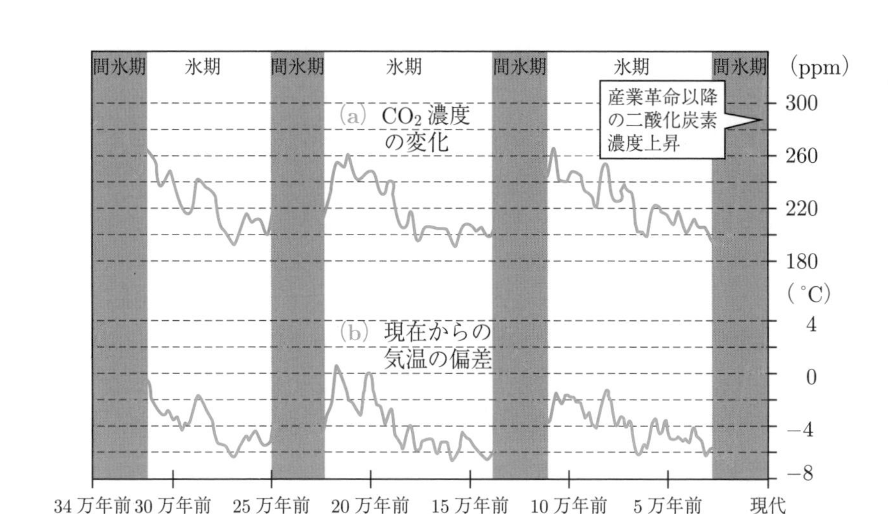

図 11.5　南極の氷床に閉じ込められた大気の解析による過去 **34** 万年間の **(a)** 大気中の二酸化炭素濃度の時間変動と **(b)** 気温の時間変動．二酸化炭素濃度の単位 **(ppm)** は **part per million** の略号．〔出典：国立極地研究所資料〕

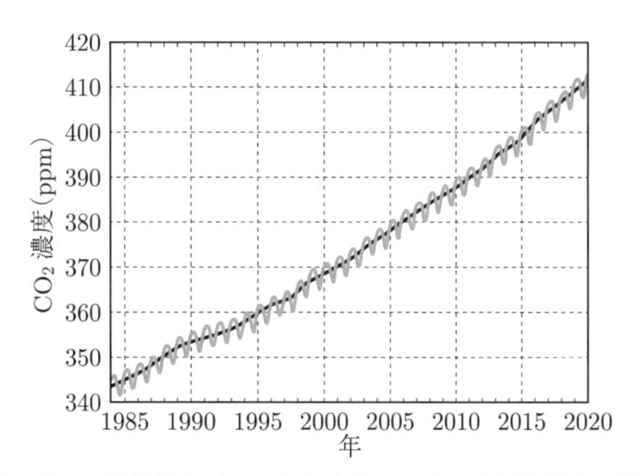

図 11.6　地球全体の二酸化炭素ガスの経年変化．青色は月平均濃度．黒色は季節変動を除去した濃度．〔出典：温室効果ガス世界資料センター（WDCGG）資料（2020）〕

11.3.4 原子力発電と核廃棄物

第 2 章で述べたように，原子力発電は ^{235}U の原子核分裂で生じる莫大なエネルギーでタービンを回して発電している．^{235}U の原子核は速度の遅い中性子を吸収すると不安定になって核分裂を起こす．この過程では図 11.7 に示すように，質量数が 72 から 161 まで 100 種類を超える原子核に分裂する．これらの核分裂生成物は核廃棄物として処理されることになるが，代表的な核分裂生成物の割合（%）とその半減期を図 11.8 に示す．短寿命の原子核は相対的に強い放射線を放出するため，減衰するのを待たなければならない．図 11.8 からわかるように半減期が 10^2 年～10^5 年の核種がほとんど存在しないため，核分裂生成物の処理方法は半減期が 10^2 年以下の核種と 10^5 年以上の核種を考慮しなければならない．特に 100 年以下の核種が核分裂生成物の大半を占めており，後世の人類に対する責任がある．ロシア，米国，カナダなどのように使用済み核廃棄物を貯蔵できる広大な無人地帯がなく，火山活動や地震が多い日本では，長期にわたり貯蔵するのは困難である．半減期が 10^5 年以上の核種に関しては，長寿命のため単位時間当たりの放射線量が低く，天然の放射性元素に近いレベルである．半減期が 10^2 年～10^5 年の核種がほとんど存在しないことは幸いである．

11.4 再生可能エネルギー：人類の将来のために

地震や台風が多い日本列島の場合，持続的なエネルギーとして太陽光発電，人工光合成による水素の発生および二酸化炭素との反応による有機化合物の合成，水素と酸素を原料とした燃料電池，世界第 3 位の資源量がある地熱発電の普及など再生可能エネルギーの割合を増やすことが急務である．ここでは最初に，光による水の分解（本多–藤嶋効果）の原理と人工光合成の原理を紹介した後，密接に関係している植物の光合成の明反応について紹介し，後半では地熱発電について紹介する．

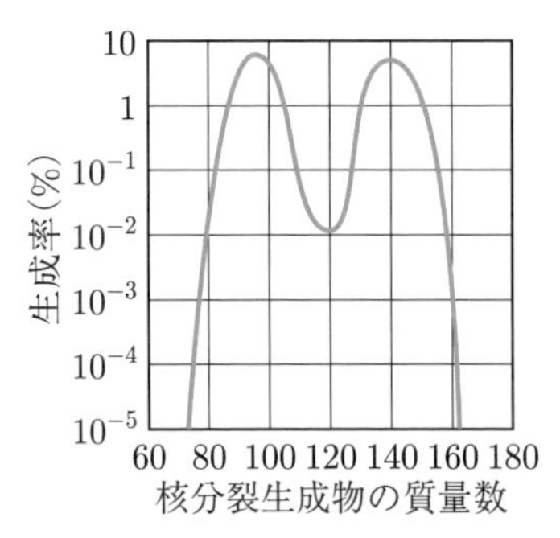

図 11.7　^{235}U における核分裂生成物の生成率

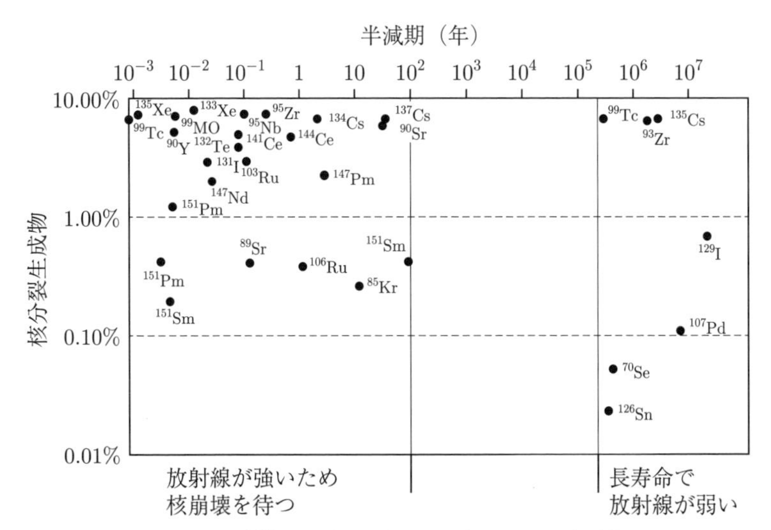

図 11.8　^{235}U の主な核分裂生成物とその半減期

11.4.1 水の電気分解と光分解

■水の電気分解

標準状態（1気圧，25°C）における水の生成エネルギーは237 kJ mol^{-1}であり，下記の式で表すことができる．

$$H_2 + \frac{1}{2}O_2 \rightarrow H_2O + 237\,\mathrm{kJ} \tag{11.2}$$

したがって，外から237 kJ mol^{-1}以上のエネルギーに相当する電圧をかけて電流を流すと水を分解することが可能である．1 molの水を分解するのに必要な電荷は2ファラデー（2 F = 193000クーロン（C））であるから電気分解に必要な電圧（E）は下記のように求めることができる．

$$E\,(\mathrm{V}) = \frac{237000}{193000} = 1.23\,\mathrm{V} \tag{11.3}$$

なお電気分解を行う場合，水は電気をほとんど通さないので，水酸化ナトリウムや硫酸などを電解質として加えている．

■水の光分解：本多–藤嶋効果

1972年，東京大学の本多健一博士と藤嶋昭博士はカソードに白金電極，アノードに**酸化チタン**（TiO_2）の電極を用いて水の電気分解を行っていたが，アノード電極に光を当てると，電圧をかけなくても電極間に電流が流れ，アノード電極側から酸素の気体が発生し，カソード電極側から水素の気体が発生することを発見した．図11.9にその模式図を示す．この水の光分解反応の発見は，大きな反響を与え，現在では**本多–藤嶋効果**とよばれている．なお，酸化チタン（TiO_2）に光を照射すると強い酸化作用が生じるが，この現象は**光触媒**とよばれ，様々な用途に利用されている．光を当てないときと，光を当てたときの電極間に流れる電流と印加した電圧の曲線を図11.10に示す．

図11.11に酸化チタン（TiO_2）電極の光励起によって起こる水の分解反応の原理を示す．TiO_2は半導体であり，エネルギー準位は，電子が完全に詰まったエネルギーの低い価電子帯と電子が詰まっていないエネルギーの高い伝導帯で構成されている．価電子帯の上端のエネルギー準位は，水の酸化還元電位（O_2/H_2O）より低い位置にあり，伝導帯の下端のエネルギー準位は，水素の酸化還元電位（H^+/H_2）より高い位置にある．このため，TiO_2が光を吸収して価電子帯の上

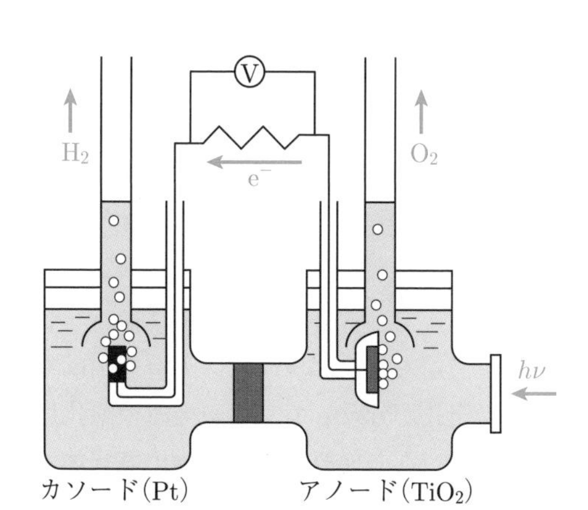

図 11.9　カソードに白金（**Pt**）電極，アノードに酸化チタン（$\mathbf{TiO_2}$）の電極を用いた水の光分解の模式図

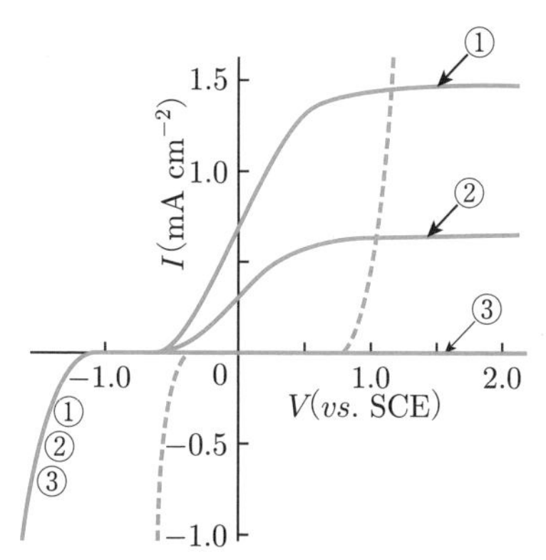

図 11.10　**pH ＝ 4.7** の水溶液におけるアノード（$\mathbf{TiO_2}$ 電極）の電流–電圧曲線
①：光照射条件下，②：光照射条件下（①の **48%**の光強度），③：暗所での条件下，破線：金属電極．印加電圧の値は，水銀電極（**SCE**）を基準にしている．〔出典：藤嶋昭，化学総説 No.39，「無機光化学」，p.101，図 5，日本化学会編，学会出版センター（1983）より改変〕

端にある電子が伝導帯に励起されると，価電子帯にできた空孔（h^+）が水分子から電子を引き抜くため，水分子は酸化されて酸素が発生する．一方，伝導帯に励起されたエネルギーの高い電子は白金電極に移動し，水中の水素イオンを還元するため水素が発生することになる．酸化チタン電極で見出された本多–藤嶋効果は，光触媒のみならず，湿式法による太陽光発電の原型となり，可視光から紫外光までの光を利用した太陽光発電の開発が進められている．

11.4.2 光合成と人工光合成

前項では水の光分解について学んだが，光によって生成された高エネルギーの電子と低エネルギーの空孔が分離して，別の場所で酸化反応と還元反応が起こることを**電荷分離**という．この仕組みは，植物の**葉緑体**における**光合成**の**明反応**で起こっている．本項では，植物の光合成の原理と**人工光合成**について説明する．植物の葉緑体にある**クロロフィル**が光を吸収して水から酸素を発生させ，励起された高エネルギーのクロロフィルの電子が複雑な**電子伝達経路**を経て NADP$^+$（ニコンチアミドアデニンジヌクレオチドリン酸）を **NADPH** に還元し，暗反応に受け渡す仕組みを図11.12に示す．光合成の明反応で生成された NADPH と生理作用のエネルギー源である **ATP**（アデノシン三リン酸）は**暗反応**である**カルビン–ベンソン回路**（Calvin-Benson cycle）に受け渡され，CO_2 と H_2O からブドウ糖などの糖類が生産される．

植物の光合成では，光によって電荷分離が起こり，水の酸化による酸素の発生は明反応側で行われ，高エネルギーの電子による CO_2 の還元は暗反応側で行われる．植物の光合成の仕組みに学び，光による電荷分離の化学システムを構築し，還元側で CO_2 を固定化させて有機化合物を合成するのが人工光合成の目的であり，その研究開発が精力的に行われている．表11.1に人工光合成による有機化合物の生成と還元反応に必要な電子数を示す．還元反応に必要な電子数が多いほど，有機化合物の合成は困難である．

11.4.3 地熱発電

地球環境にやさしく持続可能なエネルギーは太陽から地上に届くエネルギーと地球内部からのエネルギーである．化石燃料は植物の繁茂によってもたらされたものであり，現代の私たちだけのものではなく，将来の人類にとっても必要な資源である．持続可能なエネルギーとしての太陽光のエネルギー利用や地球内部からもたらされるエネルギーの利用の割合は，それぞれの国に依存する．日本の場合，石油や天然ガス，鉱物資源などには恵まれていないが，利用可能な地熱の資源は米国，インドネシアに次いで世界第 3 位と言われている．地熱を利用した**地熱発電**は持続的な再生可能エネルギーとして重要であるが，多くは国立公園や国定公園の領域にあるため開発に規制が多い．また，熱水を消費することなく地熱を取り出す循環型化学システムのため，低沸点物質の蒸気によるタービン式の発電などの開発が進められている．

演 習 問 題

11.1 地球温暖化を防ぐため二酸化炭素排出の抑制と固定化が必要とされている．二酸化炭素の固定化の方法としては，

$$Ca(OH)_2 + CO_2 \rightarrow CaCO_3 (石灰石) + H_2O$$

の反応の利用がある．これを参考にして，二酸化炭素の固定化と生成物を利用する方法を考察せよ．

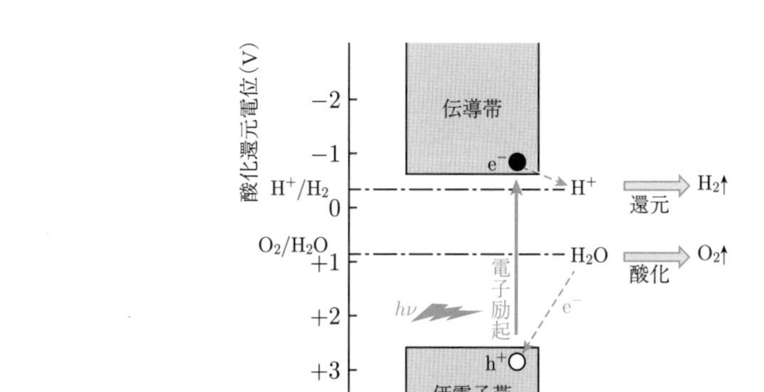

図 11.11　酸化チタン（TiO_2）電極の光励起によって起こる水の分解反応

表 11.1　人工光合成による有機化合物の生成

還元反応に必要な電子数	反応式
2 電子還元	$CO_2 + 2H^+ + 2e^- \rightarrow HCOOH$
4 電子還元	$CO_2 + 4H^+ + 4e^- \rightarrow HCHO + H_2O$
6 電子還元	$CO_2 + 6H^+ + 6e^- \rightarrow CH_3OH + H_2O$
8 電子還元	$CO_2 + 8H^+ + 8e^- \rightarrow CH_4 + 2H_2O$

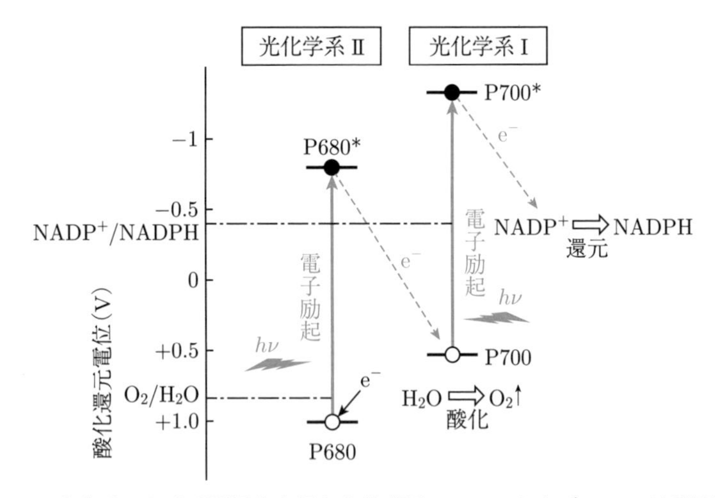

図 11.12　光合成における明反応を示した模式図．**P680** および **P700** は明反応中心のクロロフィルである．

コラム 11.1 植物の光合成が地上にもたらした酸素

太陽系は約 46 億年前に誕生したが，原始の地球の大気は水蒸気，窒素および二酸化炭素が主成分で，酸素はほとんど存在しなかったと推定されている．その後，水蒸気が冷えて雨となって地表に降り注ぎ，海ができると，大気の主成分は窒素と二酸化炭素が主成分となった．このような還元性の環境の中で最初に現れた生物は嫌気性の細菌であり，メタンや硫化水素などをエネルギーの原料として増殖していった．やがて約 28 億年前に，太陽の光エネルギーを利用して光合成を行うラン藻類の**シアノバクテリア**が海中に誕生し，光合成を利用して水と二酸化炭素から有機物と酸素が生み出された．その後，約 10 億年の間にシアノバクテリアが海中で大繁栄して大気中の二酸化炭素は有機物という形で固定化されることにより減少するとともに酸素が放出され，大気は窒素と酸素が主成分となった．やがて大気の上層では紫外線によりオゾン層が形成されて，生命に有害な紫外線がオゾン層に吸収されるようになった約 4 億数千万年前頃，陸地で植物が繁栄し，その後，動物が繁栄するようになったのである．

演習問題解答

第1章

1.1 (1) 太陽系において，星間物質が凝集して鉱物が生成されると，放射性同位体の壊変によって生じた生成物は鉱物に閉じ込められるので，それらの量の比率を測定することにより鉱物のできた年代がわかる．太陽系の年代決定には半減期が $10^9 \sim 10^{10}$ 年程度の放射性同位体が利用され，代表的な例としては，^{40}K が壊変して ^{40}Ar に変化する核反応を用いたカリウム・アルゴン法がある．地球の年代測定の対象物質は地上に落下した隕石であり，約 46 億年前に生成したことがわかっている．
(2) 小惑星は太陽系が形成された直後の情報が保存されている．JAXA が推進してきた小惑星探査機“はやぶさ”の最も重要な使命は，小惑星の岩石を持ち帰り，年代測定から太陽系の年齢を知ることである．

第2章

2.1 動物体内の炭素は植物から由来するものであるから，動植物は同じ ^{14}C/^{12}C 比をもっている．そして動物あるいは植物が死滅すると，外界との間で炭素の交換がなくなり，体内の ^{14}C は約 5,700 年の半減期で減衰していく．これを利用して，化石や古代遺物（木材や骨などの有機物）の年代を決定することができる．具体的には，絶滅したネアンデルタール人の年代を決定することができる．
2.2 放射能は放射性物質から放射線を出す能力のことであり，放射能の強さを表す単位であるベクレル（Bq）は 1 秒間に原子核が崩壊する数である．放射性物質から核壊変によって放出されるものを放射線といい，α 線，β^+ 線，β^- 線，γ 線がある．放射線が人体や物質に吸収された量は単位グレイ（Gy）で表される．また，放射線が人体の組織に与える影響は放射線の種類や組織の部位によって大きく異なるため，放射線の生物学的影響の度合いを表す単位としてシーベルト（Sv）が用いられる．
2.3 α 線：α 線は原子核から放出される ^{4}He の原子核の粒子線であり，α 線の放出により原子番号が 2，質量数が 4 減少する．
β 線：β^- 線は原子核から放出される電子の粒子線であり，β^- 線の放出により原子番号が 1 増大する．質量数は変化しない．β^+ 線は原子核から放出される陽電子の粒子線であり，β^+ 線の放出により原子番号が 1 減少する．質量数は変化しない．
γ 線：高エネルギーの電磁波であり，原子核からの γ 線の放出では，原子番号，質量数ともに変化しない．

第3章

3.1　元素の特性 X 線の波数 ν（波長の逆数）の平方根と原子番号 Z との間に比例関係

$$\sqrt{\nu} = K(Z - s)$$

が成り立つ法則をモーズリー（Moseley）の法則という．モーズリーの法則により，周期表に空白として残されていた未知元素の数が確定した．空白の 43 番元素と 61 番元素は，後に人工元素のテクネチウム（Tc）とプロメチウム（Pm）で埋められることになった．

第4章

4.1　$\ddot{\mathrm{C}}^{-}\equiv\ddot{\mathrm{O}}^{+}$

4.2　N_2 は三重の結合性軌道に電子が充満して非常に安定な分子を形成している．結合性軌道から電子が 1 個引き抜かれて ${N_2}^+$ になると結合が弱くなり，結合距離が長くなる．一方，O_2 では反結合性軌道に電子が 2 個入っており，反応性に富む．O_2 から電子が 1 個引き抜かれて ${O_2}^+$ になると結合が強くなり，結合距離が短くなる．

第5章

5.1　水分子の酸素原子は sp^3 混成軌道を形成し，2 個の sp^3 混成軌道は水素原子と結合し，残りの 2 個の sp^3 混成軌道には電子が 2 個ずつ入って非共有電子対となる．このため，水分子は折れ曲がっている．

第6章

6.1　硫酸銅水溶液中では，Cu^{2+} イオンはアクア錯イオン $[Cu(H_2O)_6]^{2+}$ を形成している．$[Cu(H_2O)_6]^{2+}$ の d-d 遷移の極大は赤外領域（～800 nm）にあり，その吸収帯の裾野が赤色領域まで広がっているため，補色である淡青色を呈する．一方，アンモニア水を滴下すると，配位子の H_2O が NH_3 に置換されて d 軌道間の分裂が大きくなる．このため，d-d 遷移による吸収帯が高エネルギーの 500～800 nm にシフトし，400～500 nm の光が透過するため濃紺色を呈する．

6.2　正四面体錯体では，d_{xy}, d_{yz}, d_{zx} 軌道の方が，配位子による静電場の大きなクーロン反発を受けて不安定になるため，正四面体錯体における d 軌道の分裂パターンは正八面体錯体の場合と逆のパターンになる．

第7章

7.1 (1) Agの電気陰性度は1.93であり，Csの電気陰性度は0.79であることから，平均電気陰性度は1.36であり，電気陰性度の差は1.14である．したがって，CsAgは図7.2の三角形の中で，金属の領域になる．
(2) Cuの電気陰性度は1.90であり，Kの電気陰性度は0.82であることから，平均電気陰性度は1.36であり，電気陰性度の差は1.08である．したがって，KCuは図7.2の三角形の中で，金属の領域になる．
7.2 極性のある液晶分子のフィルムを導電性ガラスの間に挟んだガラスに電圧を印加すると，液晶分子は電極の方向に長軸をそろえて配向し，ガラスは透明になる．一方，電源を切ると分子の配向は無秩序になって光を散乱し，ガラスは不透明になる．印加電圧のon-offによる液晶の配向制御は瞬間曇りガラスとして利用されている．

第8章

8.1 磁石は電子のスピンが平行に揃った状態であり，スピンの向きは上向きと下向きの自由度がある．この2通りの自由度は2進法の記録として用いられている．

第9章

9.1 各自調べて考察せよ．
9.2 メタノール（CH_3OH）を飲んだ場合，アルコール酸化酵素ADHの作用で毒性の強いホルムアルデヒド（HCHO）に変わり，網膜を破壊して失明する．

第10章

10.1 各自調べて，NOの生理作用について考察せよ．

第11章

11.1 各自調べて，二酸化炭素の固定化と生成物を利用する方法を考察せよ．

参考書・参考文献

第 1 章　元素の生い立ちと太陽系

[1] 『宇宙科学入門　第 2 版』，尾崎洋二，東京大学出版会（2010）
[2] 『宇宙論 I—宇宙のはじまり　第 2 版』，佐藤勝彦・二間瀬敏史，日本評論社（2012）
[3] 『現代物性化学の基礎　第 3 版』，小川桂一郎・小島憲道（編），講談社サイエンティフィク（2021）

第 2 章　放射線の化学

[1] 『放射線を科学的に理解する』，鳥居寛之・小豆川勝見・渡辺雄一郎，丸善（2012）
[2] 『放射線とは何か—正しく向き合うための原点』，名越智恵子・仲澤和馬・河合聡，丸善（2011）

第 3 章　原子の電子構造と周期律

[1] 『新・元素と周期律』，井口洋夫・井口眞，裳華房（2013）

第 4 章　化学結合と分子の構造

[1] 『現代物性化学の基礎　第 3 版』，小川桂一郎・小島憲道（編），講談社サイエンティフィク（2021）
[2] 『サリドマイド物語』，栢森良二，医歯薬出版（1997）
[3] 『視覚のメカニズム』，前田章夫，裳華房（1996）
[4] 『光と色彩の科学』，齋藤勝裕，講談社（2010）

第 5 章　有機化合物の性質を決める分子軌道

[1] 『分子軌道—定性的 MO 法で化学を考える』，友田修司，東京大学出版会（2017）

第 6 章　遷移金属元素と配位結合

[1] 『集積型金属錯体』，北川進，講談社（2001）
[2] 『現代物性化学の基礎　第 3 版』，小川桂一郎・小島憲道（編），講談社サイエンティフィク（2021）

第 7 章　原子・分子の集合体に働く力と状態

[1] 『ブラックマン　基礎化学』，小島憲道（監訳），東京化学同人（2019）
[2] 『ブラディ・ジェスパーセン　一般化学』，小島憲道（監訳），東京化学同人（2017）
[3] 『液晶』，竹添秀男・宮地弘一，共立出版（2017）

第 8 章　原子・分子の集合体で現れる諸現象

[1] 『化学と社会』，茅幸二 他，岩波書店（2001）
[2] 『現代物性化学の基礎　第 3 版』，小川桂一郎・小島憲道（編），講談社サイエンティフィク（2021）

第 9 章　生化学

[1] S.L. Miller, *Science*, **117**, 528 (1953), **130**, 245 (1959).
[2] G. Gamow, *Nature*, **173**, 318 (1954).
[3] 『生化学をつくった人々』，丸山工作，裳華房（2001）
[4] 『生命の起源』，伏見譲（編），丸善（2004）
[5] 『脚気の歴史』，板倉聖宣，仮説社（2013）
[6] 『金属は人体になぜ必要か』，桜井弘，講談社（1996）

第 10 章　化学と薬学

[1] 『梅毒の歴史』，クロード・ケテル，藤原書店（1996）
[2] 『石館守三伝』，蝦名賢造，新評論（1997）
[3] 『一般化学 下』，ポーリング，岩波書店（1974）
[4] 『医人の探索』，井上清恒，内田老鶴圃（1991）
[5] 『ヒポクラテス全集』，今裕 訳，名著刊行会（1978）
[6] 『世界史を変えた薬』，佐藤健太郎，講談社現代新書（2015）

第 11 章　地球環境とエネルギー

[1] 『イタイイタイ病の記憶』，松波淳一，桂書房（2002）
[2] 『水俣病の科学』，西村肇・岡本達明，日本評論社（2001）
[3] 『森永ヒ素ミルク中毒事件』，田中昌人・北條博厚・山下節義（編），ミネルヴァ書房（1973）
[4] 『シリーズ現代の天文学 I—人類の住む宇宙』，岡村定矩・池内了・海部宣男・佐藤勝彦・永原裕子（編），日本評論社（2007）
[5] A. Fujishima, K. Honda, *Nature*, **238**, 37 (1972).
[6] 『光合成の科学』，東京大学光合成教育研究会（編），東京大学出版会（2007）

おわりに

本書は“化学と地球と現代社会”を主題に，サイエンス社刊行のライブラリ大学基礎化学のシリーズとして出版した「教養としての現代化学」の教科書です．文科系の学生でも内容がわかりやすいようにするため，数式はできるだけ控えましたが，理解するための論理は理系の教科書と共通しています．それは，自然科学を理解する論理は，分野を超えて共通しているからです．筆者は東京大学教養学部前期課程において，文科生を対象とした講義「物質化学」を 3 年間行いましたが，学期末に行われる授業評価の自由記入欄に「文科系の我々に対して，ここまで深く真剣に教えてくれるのかと感銘を覚えた」(2012 年) と書かれていたのが思い出されます．自然現象に対する理解力や探究する気持ちに，文系や理系の区別がないことを改めて実感しました．

11 章で構成している本書は，化学の基礎から応用，生化学や薬学，地球環境や持続的な再生可能エネルギーの課題まで網羅しており，各章には「コラム」を設けましたが，これまで疑問に思っていた様々な現象を理解する一助になれば幸いです．感動して納得した理解は決して忘れることはなく，それらの知識は互いに繋がり，やがて線や面となって思考回路の糧になって行くことでしょう．本書で学んだ知識が，各自の人生において，様々な問題を解決したり企画立案したりするときのバックグラウンドになることを願っています．

索　引

あ 行

か 行

さ　行

た 行

な　行

は　行

ま　行

や　行

ら　行

英数字

著者略歴

小島憲道（こじま のりみち）

1978年　京都大学大学院理学研究科化学専攻　博士（理学）
現　在　東京大学名誉教授，公益財団法人豊田理化学研究所フェロー

主要著訳書

"Modern Mössbauer Spectroscopy"（分担執筆，Springer, 2021）
「現代物性化学の基礎　第3版」（共編著，講談社，2020）
「分子磁性—有機分子および金属錯体の磁性—」（内田老鶴圃，2020）
「有機・無機材料の相転移ダイナミクス」（分担執筆，化学同人，2020）
「ブラックマン 基礎化学」（監訳，東京化学同人，2019）
「ブラディ・ジェスパーセン 一般化学」（監訳，東京化学同人，2017）
「金属錯体の現代物性化学」（共編著，三共出版，2008）
「新しい磁気と光の科学」（共編著，講談社サイエンティフィク，2001）
"Magneto-Optics"（共編著，Springer, 1999）等　多数

ライブラリ 大学基礎化学＝**A2**

化学と地球と現代社会
—教養としての現代化学—

2021年11月25日©　　初 版 発 行

著　者　小島憲道　　発行者　森平敏孝
　　　　　　　　　　印刷者　小宮山恒敏

発行所　株式会社　サイエンス社

〒151–0051　東京都渋谷区千駄ヶ谷1丁目3番25号
営業　☎（03）5474–8500（代）　振替 00170–7–2387
編集　☎（03）5474–8600（代）
FAX　☎（03）5474–8900

印刷・製本　小宮山印刷工業（株）

ISBN 978-4-7819-1525-8

PRINTED IN JAPAN

サイエンス社のホームページのご案内
https://www.saiensu.co.jp
ご意見・ご要望は
rikei@saiensu.co.jp　まで.